U0262812

国家出版基金项目
NATIONAL PUBLICATION FOUNDATION

智能电网技术与装备丛书

分布式发电集群并网消纳专题

可再生能源
发电集群实时仿真与测试

Real-time Simulation and Test of Renewable Energy Power Generation Cluster

顾 伟 柳 伟 李培鑫 曹 戈 等 著

科学出版社

北 京

内 容 简 介

高密度分布式可再生电源并网给智能配电网规划设计、运维调控、仿真测试等方面带来巨大挑战，以"可再生能源发电集群"的概念简化实现配电网的全局协调、就地自治、协同消纳等功能，是解决控制维度高、控制对象多、就地消纳难等一系列难题的有效措施之一。本书旨在对可再生能源发电集群接入的配电网实时仿真与测试相关领域的工作进行总结，探讨集群并网多时间尺度建模、动态全过程数字仿真和实时仿真测试等问题。本书第 1 章概述分布式发电集群的建模与仿真研究现状；第 2 章介绍分布式电源及集群建模方法；第 3 章介绍多集群复杂配电网动态全过程数字仿真技术；第 4 章介绍电力-信息混合实时仿真技术；第 5 章介绍集群并网关键设备在环测试理论与方法。

本书适合从事可再生能源发电集群建模仿真、运行控制、设备研发、仿真测试等相关领域的科技工作者阅读，也可供高等院校电气工程及其自动化专业的教师、研究生和高年级本科生参考学习。

图书在版编目(CIP)数据

可再生能源发电集群实时仿真与测试 = Real-time Simulation and Test of Renewable Energy Power Generation Cluster / 顾伟等著. —北京：科学出版社，2022.11

(智能电网技术与装备丛书)

国家出版基金项目

ISBN 978-7-03-064847-1

Ⅰ. ①可… Ⅱ. ①顾… Ⅲ. ①再生能源-发电-实时仿真 ②再生能源-发电-测试 Ⅳ. ①TM619

中国版本图书馆CIP数据核字 (2020) 第062793号

责任编辑：范运年 王楠楠 / 责任校对：郑金红
责任印制：师艳茹 / 封面设计：蓝正设计

科学出版社 出版

北京东黄城根北街 16 号
邮政编码：100717
http://www.sciencep.com

三河市春园印刷有限公司 印刷
科学出版社发行 各地新华书店经销

*

2022 年 11 月第 一 版 开本：720 × 1000 1/16
2022 年 11 月第一次印刷 印张：13
字数：260 000

定价：116.00 元

(如有印装质量问题，我社负责调换)

"智能电网技术与装备丛书"序

　　国家重点研发计划由原来的"国家重点基础研究发展计划"（973 计划）、"国家高技术研究发展计划"（863 计划）、国家科技支撑计划、国际科技合作与交流专项、产业技术研究与开发基金和公益性行业科研专项等整合而成，是针对事关国计民生的重大社会公益性研究的计划。国家重点研发计划事关产业核心竞争力、整体自主创新能力和国家安全的战略性、基础性、前瞻性重大科学问题、重大共性关键技术和产品，为我国国民经济和社会发展主要领域提供持续性的支撑和引领。

　　"智能电网技术与装备"重点专项是国家重点研发计划第一批启动的重点专项，是国家创新驱动发展战略的重要组成部分。该专项通过各项目的实施和研究，持续推动智能电网领域技术创新，支撑能源结构清洁化转型和能源消费革命。该专项从基础研究、重大共性关键技术研究到典型应用示范，全链条创新设计、一体化组织实施，实现智能电网关键装备国产化。

　　"十三五"期间，智能电网专项重点研究大规模可再生能源并网消纳、大电网柔性互联、大规模用户供需互动用电、多能源互补的分布式供能与微网等关键技术，并对智能电网涉及的大规模长寿命低成本储能、高压大功率电力电子器件、先进电工材料以及能源互联网理论等基础理论与材料等开展基础研究，专项还部署了部分重大示范工程。"十三五"期间专项任务部署中基础理论研究项目占 24%；共性关键技术项目占 54%；应用示范任务项目占 22%。

　　"智能电网技术与装备"重点专项实施总体进展顺利，突破了一批事关产业核心竞争力的重大共性关键技术，研发了一批具有整体自主创新能力的装备，形成了一批应用示范带动和世界领先的技术成果。预期通过专项实施，可显著提升我国智能电网技术和装备的水平。

　　基于加强推广专项成果的良好愿景，工业和信息化部产业发展促进中心与科学出版社联合策划出版以智能电网专项优秀科技成果为基础的"智能电网技术与装备丛书"，丛书为承担重点专项的各位专家和工作人员提供一个展示的平台。出版著作是一个非常艰苦的过程，耗人、耗时，通常是几年磨一剑，在此感谢承担"智能电网技术与装备"重点专项的所有参与人员和为丛书出版做出贡献的作者和工作人员。我们期望将这套丛书做成智能电网领域权威的出版物！

我相信这套丛书的出版，将是我国智能电网领域技术发展的重要标志，不仅能使更多的电力行业从业人员学习和借鉴，也能促使更多的读者了解我国智能电网技术的发展和成就，共同推动我国智能电网领域的进步和发展。

2019 年 8 月 30 日

前　言

以智能电网和全球能源互联网发展为主线的世界电网正在逐步形成，旨在为世界经济社会发展提供更安全、更清洁、更经济、可持续的能源供给。我国也在积极推进能源生产和消费革命，构建清洁低碳、安全高效的能源体系，未来的新型配电网需要满足对多样化、间歇性、随机性分布式可再生能源发电的高度兼容性。"可再生能源发电集群"是实现分布式可再生能源发电规模有序、安全可靠、灵活高效并网的有效措施之一，其利用集群化管控促进全局协调和就地自治的互动。但要充分发挥可再生能源发电集群的功效，需从规划设计、运维管控、仿真测试等多个方面进行突破。仿真测试技术是配电网规划设计、优化调度、控制策略验证、自动故障定位与隔离、网络自愈、保护设备整定、实际物理设备测试等多方面分析的基础支撑手段与平台，是迫切需要先行解决的技术难题。

含多样化集群复杂配电网仿真测试面临以下问题：①大量电力电子装置规模化并网，仿真的模型复杂度、维度均显著提高，且仿真步长和精度要求也相应提高，如何突破系统规模、元件模型对仿真测试效率和精度的制约，是亟待解决的问题；②对于分布式可再生能源发电集群出力的不确定性，配电网的规划设计、运行调度、保护控制等需要从暂态—动态—稳态多时间尺度来进行仿真分析；③新型电力电子并网装置及二次设备的开发应用，有必要解决电力-信息混合仿真和数字物理实时仿真问题。而传统的电力系统仿真技术难以满足新型配电网多时间尺度和高精度模型的仿真需求。因此，为提高模拟电力系统动态运行特征的有效性，推动分布式电源与配电网的友好互动技术的发展，优化分布式电源消纳的经济效益，必须开展分布式可再生能源发电集群实时仿真和测试技术研究，一方面验证分布式发电集群协调控制和能量管理验证策略的有效性，另一方面测试并网装置、测控保护装置等一、二次设备的可靠性，降低安全运行风险，减少配电网管理成本，增加分布式发电项目经济性。

对于可再生能源发电集群仿真测试需求，本书从集群聚类等值建模、动态全过程数字仿真、电力-信息数模混合实时仿真测试、硬件在环仿真测试等方面系统地介绍了相关的理论和方法，可帮助读者了解集群仿真测试相关技术的发展沿革及趋势，认识当前集群仿真测试面临的关键问题，为解决大规模分布式发电集群并网详细建模的维数问题、开展多类型分布式发电集群聚类等值建模、攻克多集群复杂配电网动态全过程数模混合仿真难题以及实现面向分布式发电集群灵活并网的设备在环、电力-信息数模混合实时仿真测试等提供技术参考，以期促进集群仿真测试的发展，支撑可再生能源的高效和规模化应用。

　　本书所介绍的内容是作者所在课题组在可再生能源发电集群仿真测试相关领域多年来研究工作的总结，课题组是国内早期提出并研究分布式可再生能源发电集群的团队，先后从聚类等值建模、模型切换、变步长仿真、电力系统混合仿真、实时仿真测试等多个层面开展了相关研究。本书的工作得到了国家重点研发计划项目"分布式可再生能源发电集群并网消纳关键技术及示范应用"(2016YFB0900400)支持与资助，同时得到了国家自然科学基金(基于源荷储分散式协同的自治电力系统紧急控制研究(51477029)；冷热电联供型微电网高效运行的建模和优化方法(51277027)；主动配电系统分区分布式牵制群控技术研究(51607036))等项目的支持，获得了其他科研院校和实际生产部门许多专家的大力帮助。在本书写作过程中，一直得到科学出版社相关领导和编辑的鼓励和支持，他们为本书顺利出版做了大量细致而辛苦的工作，在此一并表示感谢。

　　本书共分为 5 章，全书由顾伟主持编写，参加编写工作的还有柳伟、曹戈、李培鑫、刘伟琦、史文博、顾晨骁、曹阳、魏松韬、李珂、史坤、陈畅、胡添欢、孙建军、钟佩军、吴红斌、孙玉树、孙丽敬、杨权、刘鑫、何叶等人。在此谨对他们的付出表示衷心的感谢。

　　本书很多内容都在分布式发电集群配电网实际示范工程中得到了应用或仿真验证，坚持产学研一体化，理论研究和生产实际相结合，希望对我国分布式发电集群配电网的发展和建设有所贡献。限于作者水平，文字可能会有疏漏，内容也可能存在不妥之处，真诚地期待专家和读者批评指正。

作　者

2022 年 3 月

目　　录

第1章 绪 论

1.1 概 述

近年来，随着全球能源紧缺、环境污染和气候恶化问题的日益严峻，加快开发利用可再生能源已成为国际社会的共识。中国作为世界上能源消耗量和需求量都非常大的发展中国家，政府十分重视调整能源产业革命，大力发展可再生清洁能源也已成为我国的重要能源战略[1,2]。

分布式发电主要指地理上接近负荷侧的分散型发电装置。由于不同国家(或地区)分布式电源的发展背景、发展阶段、发展需求、电网规模和电压等级存在差异，对分布式电源的定义也不尽相同，见表 1.1[3]。

表 1.1 分布式电源定义

机构	定义	特征
国际能源署 (IEA)	服务于当地用户或于配电网并网的发电站，包括内燃机、小型或微型燃气轮机、燃料电池和光伏发电系统以及能够进行能量控制及需求侧管理的能源综合利用系统	用户侧/配电网电压等级 10kV，容量限制 1 万 kW
国际大电网 会议(CIGRE)	非集中规划、集中调控、与配电网并网的小于 50 万 kW 或 10 万 kW 的电源	配电网容量限制 50 万 kW 或 10 万 kW
美国能源部 (DOE)	产生或储存电能的系统，通常位于用户附近，包括生物质能、太阳能、风能发电，燃气轮机、微型燃气轮机、内燃机发电，燃料电池以及相应的能量储存装置	电压等级 34.5kV 容量限制 3 万 kW
德国司法部	临近用户和需求侧且连接到配电网的电源被视为是分布式能量转换单元	用户侧/配电网
科技文献	分布式发电也称为嵌入式发电，定义为直接连接到配电网或用户侧电表的电源	用户侧/配电网
中国国家能源局	在用户所在场地或附近建设运行，以用户侧自发自用为主、多余电量上网且在配电网系统平衡调节为特征的发电设施。包括小水电、新能源发电、多能互补和资源综合利用发电、煤层气发电、热电冷联供、分布式储能和微电网等形式	35kV 及以下不超过 2 万 kW；110kV 不超过 5 万 kW 用户侧/配电网

分布式发电由于具有可就地消纳、无须长距离输送、接入灵活等优点，近年来受到广泛关注[3]。2016 年 12 月，国家发展和改革委员会印发《能源发展"十三五"规划》提出，要调整优化风电开发布局，大力发展分散式风电；优化太阳能开发布局，优先发展分布式光伏发电；在电动汽车方面，新增集中式充换电站超过 1.2 万座，分散式充电桩超过 480 万个，满足全国 500 万辆电动汽车充换电需求[4]。截至 2021 年 12 月，我国分布式光伏发电装机容量已经达到 1.075 亿 kW，

约占全部光伏发电装机容量的三分之一[5]。分散式风电的发展也将随着一系列政策文件的激励及制度的完善而驶入快车道[6]。此外，小水电、生物质发电、地热发电也将在分布式发电中占据一定比例。

随着分布式电源装机容量爆发式增长，电网中大量井喷式、小容量、分散化的分布式电源接入，局部地区(如浙江海宁市、北京延庆区)将出现分布式光伏渗透率超过 200%的情况，电网消纳能力不足的问题日益显著，这将对局域电网的安全稳定及经济运行产生重大影响，给电网的安全稳定运行带来巨大挑战。为了解决分布式发电的消纳难题，实现分布式发电灵活、有序、高效并网，"分布式发电集群"的概念应运而生。分布式发电集群是指由地理或电气上相互接近或形成时间、空间互补关系的若干分布式发电单元，属于同一类型和同一运行控制方式、电压相关的分布式电源场站集合，有时也包含该区域内的部分储能、负荷及其他控制装置，集群具备自治能力，通过信息交互、信息汇总等手段实现对集群总体的调度与控制[7]。

分布式发电集群与微电网的概念有一定交叉，但也存在明显的差异。微电网是指由多种分布式电源、储能、负荷及相关监控保护装置构成的能够实现自我控制和管理的区域自治型电力系统。下面列举二者的主要区别[7]，通过对比也有助于读者进一步理解分布式发电集群的概念与作用。

首先，从解决的问题上看，分布式发电集群主要面临的问题是，某些情况下分布式发电装机容量要远远超过区域内的最大负荷，必然产生余电外送的问题，因此对上级电网来说，分布式发电集群大多数时间扮演着电源的角色，因而侧重于将分布式发电集群作为电源来调度与控制。而微电网解决的核心问题在于通过一个自治的系统，实现利用本地发电供应用户用电需求，虽然也存在向电网送电的情况，但大多数时候微电网是作为电网负荷出现的。

其次，从构成元素上看，分布式发电集群中虽然有时也包含区域内的部分储能、负荷等，但分布式电源是其主体，侧重于对分布式电源的调控。而微电网则是由源-储-荷构成的统一整体，分布式发电与负荷均为微电网的必要元素。

最后，从元素的划分原则上来看，微电网通常由地理和电气上距离相对紧凑区域内的全部元素构成，通过公共连接点(point of common coupling, PCC)连接至上级网络，是划分相对固定、元素较为完备的"小型电力系统"。而分布式发电集群的划分则不局限于分布式发电单元在地理和电气上的位置，有时还需要考虑其在时间与空间上的互补特性，以期为电网提供平稳可靠的电力供应。因此，分布式发电集群既可以是物理上真正的集群，也可以是依靠信息技术组织在一起的"虚拟集群"，且集群的划分可根据运行条件的变化而进行调整，具有动态性和灵活性。

可见，分布式发电集群的并网消纳涉及范围更广，调控手段也较为复杂。其关键技术包含以下几方面[7]。

(1)集群规划、划分技术。集群基于分布式电源的时空分布特性,对"源-网-荷-储"进行协同的优化规划设计,实现集群内各主体高效的协同互动与互补。

(2)集群调控技术。研究分布式集群协调控制与优化调度技术,协调多种能源集群互补发电,提高配网运行效益和消纳能力。

(3)即插即用的并网装备与技术。研究新型功率变换装置突破分布式电源逆变器功率密度与效率提升的技术瓶颈。研究新型一、二次设备,提高分布式电源并网灵活性。

1.2　仿真测试需求

在各种技术研究与实施的过程中,仿真测试是不可或缺的关键一环,是开展上述工作的基础。发展快速有效的仿真技术和仿真平台,对分布式发电集群的各种稳态、暂态行为特征进行分析,进而为其规划设计、优化调度、控制策略验证、故障定位与隔离、网络自愈、保护设备整定、实际物理设备试验等提供基本的技术手段与技术平台,具有重要的研究意义。

尽管电力系统仿真技术经过几十年的研究,已经发展出了很多较为成熟的技术,但由于分布式发电的不断发展又带来了一些新的问题,需要研究更多新技术、新方法,以适应大规模分布式发电集群并网对仿真测试平台提出的更高要求。具体体现在以下几点。

(1)分布式发电集群模型具有维数高、规模大、仿真慢的问题[8]。要解决此问题,迫切地需要开发大规模多类型分布式发电集群等值建模系统,全面、快速、高效地支持多个电源点及多种类型以上的分布式电源多时间尺度等值建模,实现大规模分布式发电集群高效精确建模和含大规模分布式电源电网仿真的大幅高效降维。

(2)分布式发电集群仿真面临运行控制模式多样、离散状态与连续过程交织、动态演变过程复杂等问题。一方面,分布式电源大多通过电力电子换流器并网,传统的实时仿真步长已不能满足主动配电网实时仿真的精度需求;另一方面,可再生能源出力具有长时间尺度的波动特性,如风速波动、光照波动[9]。分布式电源与电网在多时间尺度上交互影响,对此,需要研究多时间尺度仿真方法,如全过程动态仿真、机电-电磁混合仿真等。

(3)分布式发电集群并入的配电网存在信息物理耦合紧密、交互影响的问题。而电力与通信的日益深度融合,也使电力系统的安全性、可靠性受到冲击[10]。对此,需要开发电力-信息混合仿真技术,为融合信息通信的电力系统调控手段、信息网络安全、通信故障等问题的研究提供支持。

(4)分布式发电集群相关新型并网装置的数模混合实时仿真测试也面临仿真规模和精度难以兼顾的问题[11]。目前的实时仿真工具如 RTDS、RT-LAB 限于仿真算法和计算能力，只能进行小规模系统的实时仿真，越来越难以适应实际应用的需求。对此，迫切需要突破传统仿真规模的实时仿真新技术。

总之，为提高模拟电力系统动态运行特征的有效性，推动分布式电源与配电网的友好互动技术的发展，优化分布式电源消纳的经济效益，急需开展分布式可再生能源发电集群仿真和测试技术研究，一方面验证分布式发电集群协调控制、能量管理等策略的有效性，另一方面测试并网装置、测控保护装置等一、二次设备的可靠性，降低安全运行风险，减少配电网管理成本，增加分布式电源项目经济性。

1.3　关键技术

1.3.1　分布式发电集群等值建模技术

集群技术最初应用于大规模风电集群并网控制，渐渐也拓展到分布式光伏等其他分布式电源领域。分布式电源的集群控制形式上是对区域内分布式电源进行整合，但区别于虚拟电厂内部电源的多样性，集群控制对象一般为同种类型或出力特性近似的机组，在控制策略上更侧重于集群内各机组、不同控制目标在空间和时间上的协调互补，克服单机控制的孤立性和盲目性[12-14]。

在建模过程中，若对分布式发电集群中的每一台机组及其场内集电网络进行建模，则其对电力系统的影响可以视为将多台小容量的发电设备、升压变压器及大量的连接线路模型加入到电力系统模型中，不仅增加了电力系统模型的规模，而且还会带来许多严重问题，诸如模型的有效性、数据的修正等，同时也将增加潮流计算、时域仿真等分析手段的计算时间。此外，在实际工程中，大规模分布式电源并网对电网产生的影响往往是从"场"的层面，即若干台机综合效应的"和"，考虑更多的是分布式电源的外特性对电网的影响，对于规划和运行部门来说，使用分布式电源详细模型来进行分析是没有必要的。因此，为了减少计算量和仿真时间，有必要采用等值的方法描述分布式发电集群[15,16]。

可再生能源集群等值建模方面，早期的研究主要集中在大规模风电集群，下面以风电集群的等值为例介绍等值建模。等值建模方法从等值系统机组数量上可分为单机等值法和多机等值法；从等值参数计算方法上可分为加权平均等值法和优化算法等值法。

早期的单机等值法是指将风电场用一台机组表征，通过容量加权法求取等值机功率，并以等值前后损耗不变为原则计算等值阻抗参数。这种方法虽然简单，但对定速风电机组适用性尚可，对变速风电机组则精度往往较差，原因在于风电场内存在尾流效应、风电所处地形不同，输入风速不同，使得各台变速风电机组运行点有较大差异，用单台风机表征且采用加权平均等值法求取的参数，对风电场整体动态特性反映不准确。对此的改进有两个方向，其一是继续采用单机等值，但在等值参数的求取上，以等值前后风电场整体出口处特性一致为目标，利用遗传算法等优化算法进行参数辨识[17]。这种方法好处是等值模型阶数低，简化程度更高。但是当不同风电机组运行点差异较大时，即便求得了等值参数的最优解，也未必能够准确表征风电场特性。因此，单机等值方法近来已较少提及，多机等值法，即将风电集群内运行点相近的机组用一台机组等值，从而得到用几台机组表征的风电集群[18,19]，成为研究的主流。

大型风电场内机组相对集中，电气距离较短，等值建模相对容易。而分布式发电集群具有多布点、多时段、跨空间的变化特性，需要综合考虑分布式电源空间分布集中度、多机出力相似度等要素，集群内不同控制方式和不同元素的分布式电源等值建模方法也有所不同。此外，为了适应不同仿真时间尺度的需求，对分布式发电集群也应进行多时间尺度的等值建模，建立其电磁暂态/动态/稳态的等值模型。

1.3.2　配电网数字仿真技术

配电网数字仿真技术是指对电网中的各种发电设备、控制设备、线路、变压器等元件建立数学模型，并用计算机进行数值求解的一种技术，按仿真时间尺度，可分为电磁暂态仿真、机电暂态仿真和中长期动态仿真。

电磁暂态仿真是用数值计算方法对电力系统中从数微秒至数秒之间的电磁暂态过程进行仿真模拟。电磁暂态仿真必须考虑输电线路分布参数特性和参数的频率特性、发电机的电磁和机电暂态过程及各种元件(避雷器、变压器、电抗器等)的非线性特性，电磁暂态仿真的数学模型必须建立这些元件和系统的代数或微分、偏微分方程。因此，电磁暂态仿真中模型阶数很高，加之解的时间常数最小可达毫秒甚至微秒级，仿真步长很小，从而仿真规模受到很大限制[20]。

机电暂态仿真和中长期动态仿真一般用微分方程和代数方程描述动态元件，用代数方程描述线路，用数值积分方法求解这组微分方程组和代数方程组，以获得物理量的时域解[21]。机电暂态仿真和中长期动态仿真一般用来研究电力系统受到扰动后的发电设备、控制设备的动态行为及系统电压和频率的运行情况，扰动包括短路故障、切除线路或负荷、分布式发电受到光照波动、风速波动等。机电暂态仿真与中长期动态仿真的区别在于所包含元件动态模型的时间尺度及仿真的时间尺度不同：前者一般关注时间常数在毫秒到秒级尺度的元件动态，如风电机组的功率控制、桨距角控制、转速控制，光伏发电的功率控制、最优功率控制，以及一些响应较快的电网级的控制手段，如自动电压控制、自动发电控制等；而后者一般关注时间常数在秒级以上的元件动态，如长时间光照、风速波动，电网中响应较慢的控制、调度策略等。由于配电网的机电暂态和中长期动态是一个连续的过程，两种过程中的动态行为又相互影响，单一地进行其中某一时间尺度的仿真有时不能满足所研究问题的需求，因此将二者统一起来，进行动态全过程仿真，具有重要意义[22,23]。动态全过程仿真所建立的微分-代数方程组是典型的刚性系统，受到仿真技术的限制，如何兼顾仿真精度与效率是一个难题。

现有针对大规模电力系统的仿真以机电暂态仿真为主，而电磁暂态仿真由于元件模型复杂、计算量大，较难实现对大规模电力系统的仿真。然而，随着多种电力电子设备在电网中的接入，对大规模电力系统也需要进行电磁仿真。对此，大系统仿真通常采用整体机电暂态仿真和局部电磁暂态仿真相结合的思路，即电磁-机电混合仿真。电磁-机电混合仿真可以较好地将电力系统仿真所面对的规模、精度、效率等问题进行协调和优化，也是目前的一个研究热点[24]。

目前，国内外已经开发了针对电磁暂态仿真、机电暂态仿真、中长期动态仿真和动态全过程仿真的各种程序，也提出了一些电磁-机电混合仿真的方法。这些仿真程序和方法面向的对象基本是以传统发电机为主的电网，程序也包含光伏、风电机组等新能源模型，可以对含分布式发电的配电网进行仿真，但在模型精度、仿真规模上存在一定制约。

在机电暂态和中长期动态仿真程序上，美国电力研究院(Electric Power Research Institute，EPRI)推出了机电暂态/中期稳定程序(extended transient/midterm stability program, ETMSP)，后又在此基础上开发了长过程仿真程序(long term stability program, LTSP)。LTSP仿真程序采用四阶显式龙格-库塔法和隐式梯形法。计算所有发电机角度的变化，根据预测的局部误差，改变步长。为使长过程中研究的所有发电机同步运行在同一频率上，转矩公式中加入人工阻尼。但是由于算法的限制，步长最大不能超过5s，因此在研究长达数十分钟甚至数小时的长过程稳定问题时该方法仍有一定的局限性。瑞典和瑞士的ABB公司开发的SMIOPW程序则采用Gear法和隐式梯形积分法相结合的方式，对刚性和非刚性变量采用不同的积分方法，对刚性变量用向后差分格式(backward differential formula, BDF)，对非刚性变量用梯形积分法。刚性度由估计的变化率和固定的刚性度阈值的比较来决定。为了提高计算速度，只在系统发生大扰动时才修改Jacobi矩阵。美国电力技术公司(Power Technology Inc.，PTI)开发的PSS/E软件采用固定步长的梯形积分法，包括独立的暂态稳定和中期稳定模块。现在也采用变步长进行统一仿真。文献[25]提出了采用Gear积分方法作为电力系统全过程动态仿真微分方程求解的基本方法，并研究了根据积分的截断误差自动控制变阶变步长的技术，但其主要面向大电网故障进行仿真测试，没有直流输电和电力电子装置的详细模型，不能直接推广到配电网层面。文献[26]分析我国全过程动态仿真技术的现状和解决当前问题的思路，探讨了全过程动态仿真分别与实时仿真装置和在线动态安全分析预警系统的接口技术，以及并行计算技术的重要性。

在机电-电磁混合仿真研究上，文献[27]开发了一套基于频率相关网络等值(frequency dependent network equivalent，FDNE)的电磁-机电暂态解耦混合仿真系统，对机电侧网络，采用诺顿电流源并联 FDNE 的等值电路，其中 FDNE 能够精确表示机电侧网络的频率响应；对电磁侧网络，采用恒电流负荷的等值电路，但不能模拟机电暂态侧的故障。文献[28]在高压直流输电(high voltage direct current，HVDC)换流器的交流母线处将系统分为电磁暂态部分和机电暂态部分，首先建立了电磁、机电暂态混合仿真。文献[29]把分网位置延伸到交流系统内部，防止接口处的电压波形畸变过于严重，但是却增加了电磁暂态侧系统的计算规模。文献[30]对考虑柔性交流输电系统(flexible alternating current transmission systems，FACTS)器件的电力系统机电暂态与电磁暂态仿真开展研究，将机电暂态仿真程序(electromechanical transient simulation program，ETSP)程序嵌入商业软件 PSCAD/EMTDC 主程序中，利用 EMTDC 仿真软件自带的元件搭建 FACTS 器件及其控制器模型，并对其进行精确的电磁暂态仿真，调用外部 ETSP 程序采用准稳态模型对剩余网络进行机电暂态仿真，从而实现对全网的混合数字仿真。但是 PSCAD/EMTDC 的接口只能采用串行时序，使一个子系统在仿真时另一个子系统必须处于等待状态，仿真效率和时间有待优化。

近年来，随着柔性直流输电设备的大规模投入及异步联网运行模式的推广，不同时间尺度物理过程间的交叉耦合作用愈发强烈，现有的工具在交直流混联复杂配电网的仿真中存在一定的局限性[31]。为此，研究人员围绕时间尺度混合仿真技术展开了大量工作。

由浙江大学和中国电力科学研究院联合研发的 PSD 电力系统分析软件是国内最早的具有自主知识产权的多时间尺度动态全过程仿真软件，在该软件包的基础上，中国电力科学研究院成功开发了丰富的仿真程序，并加入了 FACTS 等新型装置的电磁暂态模型，进一步完善了软件的功能[32]。此后，经过不断改进和拓展，现有的多时间尺度动态全过程仿真平台已能较好地满足电力系统的需求，在实际系统中得到了广泛应用，为配电网风险评估及运行决策提供了有效指导。

文献[33]提出并设计基于"FPGA+RTDS+并行机"异构平台的交直流大电网混合实时仿真架构，实现具有快速电磁暂态、常规电磁暂态和机电暂态联合仿真功能的交直流大电网多时间尺度混合实时仿真系统。文献[34]研究了指数积分方法在不同时间尺度下的应用，提出了一种暂态多时间尺度高效仿真方法。此外，还有很多学者对配电网中的储能、风机、异步电机等独立元件的多时间尺度仿真模型进行了详细的研究[35-40]，进一步推动了配电网多时间尺度仿真技术的发展。而当前，配电网多时间尺度仿真仍将面临仿真精度的提升，不同对象仿真尺度的选择，接口位置的选择及接口的优化等一系列挑战[41]。

1.3.3 电力-信息实时仿真技术

在高密度、高渗透率分布式可再生能源发电集群接入的背景下，储能装置、电动汽车、柔性负荷的互动协调控制等众多新的需求下，高速、安全和可靠的信息通信网络是未来电力系统安全稳定运行的重要保障。因此，电力-信息混合数模实时仿真技术成为当前研究的热点。

作为两个独立的系统，电力系统和信息通信系统都有各自专业的仿真工具，但两种仿真工具又有着本质不同：电力系统动态行为是连续的，因而可以将电力系统用微分方程建模，用数值方法求解其时域解；而信息系统是离散的，通常是通过离散事件仿真工具对其建模，采用离散状态模型对网络在离散参数(如数据队列长度)和离散事件(如数据包的传输)下进行描述，而将复杂的通信过程转化为具体的事件队列[42]。将二者结合起来，进行统一的电力-信息仿真，是目前国内外研究的重要方向。

电力系统仿真软件要求能够模拟电力系统实时状态，目前国内外比较流行的主要有加拿大曼尼托巴RTDS公司开发的实时数字仿真器和加拿大OPAL-RT公司开发的实时仿真平台。

RT-LAB是由加拿大OPAL-RT公司推出的一套专门针对电力系统、电力电子、电力拖动系统的实时仿真系统。应用该系统，工程师可以直接将利用MATLAB/Simulink或者SimPowerSystems建立的电力系统、电力电子、电力拖动系统数学模型应用于实时仿真、控制、测试以及其他相关领域，并且可以在一个平台上实现工程项目的设计、实时仿真、快速原型开发与硬件在环测试的全套解决方案。RT-LAB实时仿真系统是基于Simulink模型的半实物实时仿真系统，它很好地实现了基于模型的系统设计和测试，方便地将电力电子以及电力系统控制算法与被控系统的仿真模型进行完全交互的数模混合仿真，系统具有开放性和灵活性的特点。RT-LAB实时仿真系统包括仿真主机和仿真目标机。主机和目标机之间通过以太网TCP/IP连接。

RTDS是一种纯数字连续实时电力仿真系统，通过大量的输入/输出接口可以实现高速的数模转换，从而使得实际的保护设备、控制设备、测量设备等电力二次设备可以与RTDS中仿真的虚拟电力系统进行交互。RTDS输出的微弱模拟信号通过功率放大器放大后，变成可以由稳控装置采样的模拟信号；RTDS输出的状态量通过开关量转换柜转换成稳控装置能采样的状态量，而稳控装置输出的控制信号也通过开关量转换柜转换成RTDS的数字输入信号。RTDS仿真装置包括一个广泛的电力系统、控制系统元件模块库，用户能够通过连续现有的元件模块而组建起电力系统的回路和相关的控制回路[43]。

通信系统仿真需要能够识别关键通信因素对多集群复杂配电网中分布式控制的影响，例如通信协议、排队时间和数据丢包。现有的主流信息通信仿真软件包主要分为两类，一类是以OPNET和QualNet为代表的商业仿真软件，另一类是NS2和OMNET++等开源仿真软件。

OPNET 是一个基于离散事件的网络仿真软件。它具有三层建模机制，包括进程层、节点层和网络层，能够完整建立信息系统模型。三层模型对应于实际的协议、设备和网络，完全反映了网络的相关特性。OPNET 具有灵活的高级用户界面，可以访问标准的模块库，其中包含各种块模型和功能。它还在模拟场景扩展方面支持用户定义的模型，涵盖目前常用的各种通信协议。此外，OPNET 能够设置实时网络流量并模拟有线或无线网络。它提供了三种外部仿真接口方法：高级架构 (high level architecture, HLA) 方法，基于外部仿真访问的应用程序编程接口 (external simulation access-based application programming interfaces, ESA-API) 方法和系统在环 (software in the loop, SITL) 方法。

OMNeT++ (objective modular network testbed in C++) 是一款开源的基于组件的、模块化的、开放的、面向对象的离散事件网络仿真工具，具有很好的图形用户界面 (graphical user interface, GUI)，并且可以在 GUI 中配置参数，具备编程、调试和跟踪支持功能，主要应用于通信网络的仿真，也成功地应用于其他复杂信息系统、排队网络、硬件体系结构领域的仿真。OMNeT++支持用户组件库，实现模块化的灵活重用，具有面向对象的特性，允许仿真内核提供扩展，并且提供了图形化的网络编辑器和网络、数据流查看工具。与同属于非商业软件的 NS2 相比，OMNeT++的高度模块化使它在增加一些协议时不需要重新编译整个源代码；使用 NED 语言来定义网络的拓扑结构，使用 C++语言来定义基本网络模块元件的行为，并且 NED 文件可以编译为 C++代码连接到仿真程序中；同时兼容 Windows 和 Linux 操作系统，具有更好的灵活性和适应性，在世界各地具有庞大的用户群体。

文献[44]基于 NS2 和 Modelica 的联合仿真平台，研究了仿真软件之间的时间同步问题，提出了通过约束 Modelica 的仿真时间使其与 NS2 保持一致的方法。文献[45]提出了一种基于 VTB+OPNET 的电力-信息混合仿真构架，重点研究了两者之间的时间同步问题，设计了一种基于软件代理来建立全局时间参考的策略来实现联合仿真的时间同步。文献[46]设计和开发了基于 Simulink 和 OPNET 的 NCS 联合仿真平台，介绍了控制器和被控对象在 OPNET 中设置的节点模型。文献[47]基于 EPOCHS 平台搭建了基于多代理系统的广域后备保护的仿真模型，通过联合仿真的方式验证基于多代理系统的广域后备保护方案的优越性。文献[48]采用基于 Simulink 和 OPNET 联合的 MANET 模式，主要介绍了利用无线方式实现控制的联合仿真方法。

实时仿真技术最开始是指基于相似理论、以实际旋转电机为代表的电力系统动态模拟仿真系统。电力系统动模实验仿真系统是最早出现的进行电力系统研究的实时仿真工具，由若干台按比例缩小的电机、线路模型及相应的监测、控制系统组成。随着技术发展，目前多采用数模混合式实时仿真，也就是部分动态元件用数字模拟，部分元件用实物接入。数模混合实时仿真最大的优点在于其数值稳定性好，仿真规模取决于硬件规模。在数模混合式仿真系统中，线路、变压器等元件皆为模拟元件，通过这些模拟元件，发电设备等数字元件相互间完全解耦，因此只要发电机等数字元件本身无数值不稳定问题，则整个仿真系统就不会产生数值振荡问题[20]。目前，国内外关于数字物理系统的混合实时仿真技术的应用主要集中在交直流高压输电、电力电子设备特性研究及可再生能源发电研究等方面。文献[49]采用 Hypersim 全数字实时仿真软件，通过信号接口和功率接口实现了全数字仿真程序与一次直流物理仿真装置和二次控制保护装置的互联，基于 SGI 超级计算机实现了大规模交直流电网的数模混合实时仿真。文献[50]基于功率连接技术搭建了适用于交直流大电网仿真的数模混合仿真平台，实现了高压直流输电一次设备与数字大电网的数字物理混合仿真。文献[51]通过硬件在环仿真，对电力电子系统中的反馈电流滤波器特性进行了详细的分析和研究。文献[52]基于 RTDS 系统，设计了双馈风电机组的信号型 D/PHS 方案，给出了数模仿真系统和变流器控制系统的开发细节。文献[53]基于数字物理混合仿真方法，提供分布式发电装置接入配电网及微电网的运行工况，根据配电网及微电网常见的电能质量问题，提出了一种三相四线制的接口装置硬件结构设计，并开发了基于准比例谐振控制的接口策略，以消除接口放大过程中引入的放大幅值误差。

1.3.4　硬件在环实时仿真测试技术

半实物仿真测试技术作为仿真测试技术的一个分支，20 世纪 60 年代问世以来，在工程领域内得到了广泛应用。半实物仿真是针对实际运行过程的实时仿真测试技术，提高了仿真结果的置信度。硬件在环(hardware in the loop, HIL)仿真是半实物仿真的一种常见应用模式，它以实时处理器运行仿真模型来模拟受控对象的运行状态，将实物装置通过计算机接口连接到仿真环境中，能够在实时条件下模拟整个系统的运行状态，缩短了系统研发周期，减少了开发费用，降低了实际系统承受各种极限状况的风险，为深入研究系统性能提供了有效路径[54,55]。因此，硬件在环仿真测试技术越来越广泛地应用于电力电子与电力系统领域。

2003 年，土耳其尼代大学 Ayasun 等学者发现，在 HIL 仿真系统中，虽然利用数模转换接口可以容易实现数字模拟系统和实际硬件系统间的信号交换，但是其交换的信号局限于低功率水平(通常电压在±15V 之间，电流为毫安级别)。电气系统中一般包含电动机、发电机、变换器等功率器件，功率器件吸收和输出的信号功率水平相对较高，此时 HIL 仿真系统不再适用。为了提高传递信号的功率水平，在 HIL 仿真的基础上加入功率放大环节，增加了功率接口，首次提出了功率硬件在环(power hardware in the loop, PHIL)仿真测试技术的概念[56]，其与 HIL 的拓扑结构对比如图 1.1 所示。在 PHIL 仿真系统中，一方面实物装置的输出信号经传感器测量后，通过 A/D 转换为数字信号反馈给实时仿真部分；另一方面实时仿真部分读取测量值，实时解算得到下一步仿真侧的数字信号状态，通过 D/A 转换和功率放大环节传递至功率器件。

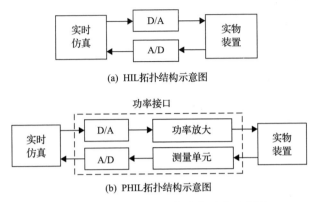

(a) HIL 拓扑结构示意图

(b) PHIL 拓扑结构示意图

图 1.1　HIL 和 PHIL 拓扑结构对比示意图

PHIL 仿真系统与 HIL 仿真系统相比增加了功率放大环节，其功率接口能够实现高功率信号水平的信号传递。对于 PHIL 仿真系统而言，功率接口是连接实时仿真和实物装置的桥梁，功率接口中可采取不同的功率放大方式，选择不同的反馈信号和控制信号，如此便形成了不同的接口算法。对于实现 PHIL 仿真系统实时仿真与实物装置的连接，接口算法起着至关重要的作用。

Ayasun 等提出上述 PHIL 仿真的概念后，首先将其应用于图 1.2(a) 所示的典型一阶线性电路中，该电路虽然简单，但是方便进行控制系统中各种接口算法的理论研究，因此被广泛采用[56]，在虚线处将电路进行分解，左侧为实时仿真侧，采用数字仿真实现；右侧为实物装置侧，采用实际的物理装置。Ayasun 等选取了电流信号作为反馈信号，电压信号为控制信号，其功率接口设计如图 1.2(b) 所示。实时仿真侧提供带有内阻 R_0 的虚拟电源，采用电流源等效实物装置侧电路，电流源等于测量得到的实物装置侧电流，即 $i_1=i_2$；实物装置侧负载电阻 R_1 和电感 L_1 为实物装置，采用受控电压源等效实时仿真侧电路，电压源电压等于实时仿真侧解算得到的电压，即 $u_1=u_2$。并且在研究过程中发现，功率接口的延时时间越长，实时仿真的离散步长越长，越容易导致 PHIL 仿真系统的不稳定运行。

随后，相关学者针对图 1.2(a) 所示的一阶电路相继提出了不同的功率接口设计方法。2004 年，南卡罗来纳大学的学者 Wu 将图 1.2(b) 中所示的反馈信号改为电压信号，对电流信号进行了功率放大[57]。2008 年，美国佛罗里达州立大学的学者 Ren 针对图 1.2(a) 所示的一阶电路分析了 5 种可行的功率接口算法，并对采用不同的功率接口算法时系统的稳定性和准确性进行了对比分析，研究了功率接口形式、功率接口的延迟及功率接口中引入滤波器的时间常数等参数对功率硬件在环仿真系统稳定性和准确性的影响，得出了指导系统参数设置的方法[58,59]。随着

PHIL 仿真测试技术的发展，国内外学者已经将其成功应用于电力系统相关领域，主要是建立发电机、电动机等设备的数学模型，将其作为实时仿真侧；变压器、直流输电换流阀和控制装置等元件采用实物模型，功率接口实现实时仿真和实物装置的连接功能[60,61]。

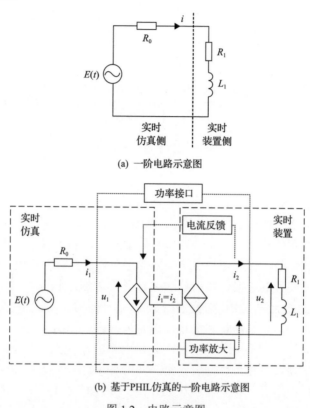

(a) 一阶电路示意图

(b) 基于PHIL仿真的一阶电路示意图

图 1.2　电路示意图

　　硬件在环仿真测试技术是一种实时仿真测试技术，它将实际的被控对象或其他的系统部件用高速计算机上实时运行的实时仿真模型来取代，而系统的控制单元或其他系统部件则用事物与仿真模型连接成为一个系统，对被控对象进行仿真测试和验证。硬件在环仿真测试系统综合了动模试验和纯数学模型试验的优点，具有以下优势：①试验环境具有更强的可控性；②仿真结果具有更好的可重复性；③可以进行某些极限状态下的测试试验；④试验不具有破坏性；⑤试验费用低。硬件在环仿真测试的这些特点更便于对被控对象进行相关的实验，降低了测试成本，加快了开发进度，同时也减少了设备应用前动模实验的费用。因此，硬件在环仿真测试技术越来越多地在电力系统和电力电子的研究开发中得到了广泛的应用。

　　综上，发展快速有效的仿真技术和仿真平台，对分布式可再生能源发电集群的各种稳态、暂态行为特征进行分析，进而为配电网规划设计、优化调度、控制策略验证、实际物理设备试验等提供基本的技术手段与技术平台,具有重大的研究意义。本书致力于展示和探讨在大规模分布式发电集群并网多时间尺度建模和集群实时仿真测试等领域的最新研究成果,在后续章节中,本书将对分布式发电集群多尺度建模及聚类等值方法、面向多集群复杂配电网的动态全过程数字仿真技术、实时仿真装置、电力-信息数模混合实时仿真技术、机电-电磁实时仿真交互接口技术、基于数模混合仿真的一、二次设备硬件在环仿真测试技术这些仿真技术加以介绍。

参 考 文 献

[1] REN21. Renewables 2019 global status report[EB/OL], [2020-04-28]. https://www.ren21.net.

[2] 边文越, 陈挺, 陈晓怡, 等. 世界主要发达国家能源政策研究与启示[J]. 中国科学院院刊, 2019, 34 (4): 488-496.

[3] 韩雪, 任东明, 胡润青. 中国分布式可再生能源发电发展现状与挑战[J]. 中国能源, 2019, 41 (6): 32-36, 47.

[4] 国家发改委. 能源发展"十三五"规划[EB/OL]. http://www.nea.gov.cn/2017-01/17/c_135 989417.htm, 2016-12-26.

[5] 国家能源局. 2021 年光伏发电建设运行情况[EB/OL]. [2022-03-09]. http://www.nea.gov.cn/2022-03/09/c_1310508114.htm.

[6] 国家能源局. 分散式风电项目开发建设暂行管理办法[EB/OL]. [2018-04-03]. [2022-03-09]. http://zfxxgk.nea.gov.cn/auto87/ 201804/t20180416_3150.htm.

[7] 盛万兴, 吴鸣, 季宇, 等. 分布式可再生能源发电集群并网消纳关键技术及工程实践[J]. 中国电机工程学报, 2019, 39 (8): 2175-2186.

[8] Xue F, Song X F, Chang K, et al. Equivalent modeling of DFIG based wind farm using equivalent maximum power curve[C]//Proceeding of Power and Energy Society General Meeting (PES), Vancouver, BC: IEEE, 2013: 1-5.

[9] 刘涛, 戴汉扬, 宋新立, 等. 适用于电力系统全过程动态仿真的风电机组典型模型[J]. 电网技术, 2015, 39 (3): 609-614.

[10] Su Z, Xu L, Xin S J. A future outlook for cyber-physical power system[C]//2017 IEEE Conference on Energy Internet and Energy System Integration (EI2). Beijing: IEEE, 2017: 1-4.

[11] Li Y L, Sun Q H, Chen G P, et al. New generation UHVAC/DC power grid simulation platform architecture[C]// 2018 International Conference on Power System Technology (POWERCON), Guangzhou: IEEE, 2018: 115-122.

[12] 国网浙江省电力公司电力科学研究院. 一种分布式光伏集群协调优化控制方法及系统 [P]. 中国: ZL201610383192. 8, 2016. 7. 27.

[13] Jung J H, Ryu M H, Kim J H, et al. Power hardware-in-the-loop simulation of single crystalline photovoltaic panel using real-time simulation techniques[C]//Power Electronics and Motion Control Conference (IPEMC). Harbin: IEEE, 2012: 1418-1422.

[14] 侯玉强, 李威. 大规模光伏接纳对电网安全稳定的影响及相关制约因素分析[J]. 电网与清洁能源, 2013, 29 (4): 73-77+84.

[15] Zheng W Z, Bu J, Zhang N Y. Dynamic clustering equivalence of wind farms considering complex terrain[C]// 2018 International Conference on Sensing, Diagnostics, Prognostics, and Control. Xi'an: IEEE, 2018: 790-795.

[16] 王娜. 含风电集群的复杂电网无功化研究[D]. 北京: 华北电力大学, 2014.

[17] 张彤. 基于猴群算法的风电场等值建模方法及应用研究[D]. 天津: 天津大学, 2012.

[18] 齐雯. 大型风电场等值建模及其并网稳定性研究[D]. 北京: 北京交通大学, 2013.

[19] 高远, 金宇清, 鞠平, 等. 考虑 Crowbar 动作特性的 DFIG 风电场动态等值研究[J]. 电网技术, 2015, 39(3): 628-633.

[20] 汤涌. 电力系统数字仿真技术的现状与发展[J]. 电力系统自动化, 2002, 26(17): 66-70.

[21] 王锡凡. 现代电力系统分析[M]. 北京: 科学出版社, 2003.

[22] 田芳, 黄彦浩, 史东宇, 等. 电力系统仿真分析技术的发展趋势[J]. 中国电机工程学报, 2014, 34(13): 2151-2163.

[23] 宋新立. 电力系统全过程动态仿真算法与模型研究[D]. 天津: 天津大学, 2014.

[24] 苗璐, 高海翔, 易杨, 等. 电力系统电磁-机电暂态混合仿真技术综述[J]. 电气应用, 2018, 37(14): 20-23.

[25] 汤涌. 电力系统全过程动态(机电暂态与中长期动态过程)仿真技术与软件研究[D]. 北京: 中国电力科学研究院, 2002.

[26] 宋新立, 汤涌, 卜广全, 等. 大电网安全分析的全过程动态仿真技术[J]. 电网技术, 2008, 32(22): 23-28.

[27] 张怡, 吴文传, 张伯明, 等. 基于频率相关网络等值的电磁-机电暂态解耦混合仿真[J]. 中国电机工程学报, 2012, 32(16): 107-114.

[28] 陈磊, 张侃君, 夏勇军, 等. 基于 ADPSS 的高压直流输电系统机电暂态-电磁暂态混合仿真研究[J]. 电力系统保护与控制, 2013, 41(12): 136-142.

[29] Reeve J, Adapa K. A new approach to dynamic analysis of AC networks incorporating detailed modeling of DC systems: part I, principles and implementation[J]. IEEE Trans on Power Delivery, 1988, 3(4): 2005-2011.

[30] 鄂志君, 房大中, 王立伟, 等. 基于 EMTDC 的混合仿真算法研究[J]. 继电器, 2005, 33(8): 47-51.

[31] 徐殿国, 张书鑫, 李彬彬. 电力系统柔性一次设备及其关键技术: 应用与展望[J]. 电力系统自动化, 2018, 42(7): 2-22.

[32] 汤涌. 交直流电力系统多时间尺度全过程仿真和建模研究新进展[J]. 电网技术, 2009, 33(16): 1-7.

[33] 欧开健. 交直流大电网多时间尺度混合实时仿真技术及其工程应用[D]. 广州: 华南理工大学, 2017.

[34] 富晓鹏. 面向大规模新能源接入的电力系统暂态多时间尺度指数积分方法[D]. 天津: 天津大学, 2016.

[35] 叶小晖, 刘涛, 宋新立, 等. 适用于全过程动态仿真的光伏电站有功控制模型[J]. 电网技术, 2015, 39(3): 587-593.

[36] 张曦, 康重庆, 张宁. 太阳能光伏发电的中长期随机特性分析[J]. 电力系统自动化, 2014, 38(6): 6-13.

[37] 詹敏青, 尹柳, 杨民京. 基于 PSASP 的光伏发电系统建模及其并网对微电网电压质量的影响[J]. 陕西电力, 2014, 42(2): 16-22.

[38] 王铮. 多时间尺度下 DFIG 机电-电磁暂态建模与稳定分析[D]. 南宁: 广西大学, 2019.

[39] 叶小晖, 刘涛, 吴国旸. 电池储能系统的多时间尺度仿真建模研究及大规模并网特性分析[J]. 中国电机工程学报, 2015, 35(11): 2635-2644.

[40] 夏越, 陈颖, 宋炎侃. 基于自适应移频分析法的 Voltage-Behind-Reactance 异步电机多时间尺度暂态建模与仿真[J]. 电网技术, 2018, 42(12): 3872-3881.

[41] 佘慎思, 李征, 蔡旭. 用于风力发电仿真的多时间尺度风速建模方法[J]. 电网技术, 2013, 9(34): 2559-2565.

[42] 汤奕, 王琦, 倪明, 等. 电力和信息通信系统混合仿真方法综述[J]. 电力系统自动化, 2015, 39(23): 33-42.

[43] 张树卿, 童陆园, 薛巍, 等. 基于数字计算机和 RTDS 的实时混合仿真[J]. 电力系统自动化, 2009, 33(18): 61-67.

[44] Al-Hammouri A T, Liberatore V, Al-Omari H, et al. A co-simulation platform for actuator networks[C]//Proceedings of the 5th International Conference on Embedded Networked Sensor Systems，New York: Association for Computing Machinery New York, 2007: 383-384.

[45] Weilin L, Monti A, Luo M, et al. VPNET: A Co-Simulation Framework for Analyzing Communication Channel Effects on Power System[C]//2011 IEEE Electric Ship Technologies Symposium. Alexandria: IEEE, 2011: 143-149.

[46] 陈寅, 宋杨, 费敏锐. 基于 Simulink 和 OPNET 的 NCS 联合仿真平台的设计与开发[J]. 系统仿真学报, 2013, 25(7): 1518-1523.

[47] 童晓阳, 王晓茹, Kenneth Hopkinson, 汤俊. 广域后备保护多代理系统的仿真建模与实现[J]. 中国电机工程学报, 2008, 28(19): 111-117.

[48] Hasan M S, Yu H, Carrington A, et al. Co-simulation of wireless networked control systems over mobile ad hoc network using SIMULINK and OPNET[J]. IET Communications, 2009, 3(8): 1.

[49] 周俊, 郭剑波, 朱艺颖, 等. 特高压交直流电网数模混合实时仿真系统[J]. 电力自动化设备, 2011, 31(9): 18-22.

[50] 周俊, 郭剑波, 胡涛, 等. 高压直流输电系统数字物理动态仿真[J]. 电工技术学报, 2012, 27(5): 221-228.

[51] Lauss G, Lehfuss F, Viehweider A, et al. Power Hardware in the Loop Simulation with Feedback Current Filtering for Electric Systems[C]//Conference of the IEEE Industrial Electronics Society, Melbourne, VIC: IEEE, 2011: 3725-3730.

[52] 刘其辉, 李万杰. 双馈风力发电及变流控制的数/模混合仿真方案分析与设计[J]. 电力系统自动化, 2011, 35(1): 83-86.

[53] 周瑜, 林今, 宋永华. 适于分布式发电装置接入测试的功率硬件在环接口装置及其控制策略[J]. 电网技术, 2015, 39(4): 995-1000.

[54] 刘延彬, 金光, 等. 半实物仿真技术的发展现状[J]. 仿真技术, 2003(1): 27-32.

[55] 柳勇军, 闵勇, 梁旭. 电力系统数字混合仿真技术综述[J]. 电网技术, 2006, 30(13): 38-43.

[56] Ayasun S, Vallieu S, Fischl R, et al. Electric machinery diagnostic/testing system and power hardware-in-the-loop studies[C]//4th IEEE International Symposium on Diagnostics for Electric Machines, Power Electronics and Drives, Atlanta: IEEE, 2003: 361-366.

[57] Wu X, Lentijo S, Monti A. A novel interface for power-hardware-in-the-loop simulation[C]//2004 IEEE Workshop on Computers in Power Electronics, 2004 Proceedings. Urbana: IEEE, 2004: 178-182.

[58] Ren W, Steurer M, Baldwin T L. Improve the Stability and the Accuracy of Power Hardware-in-the-Loop Simulation by Selecting Appropriate Interface Algorithms[J]. IEEE Transactions on Industry Applications 2008, 44(4): 1286-1294.

[59] Ren W, Steurer M, Baldwin T L. An Effective Method for Evaluating the Accuracy of Power Hardware-in-the-Loop Simulations[J]. IEEE Transactions on Industry Applications, 2009, 45(4): 1484-1490.

[60] Naik R, Mohan N, Rogers M, et al. A novel grid interface, optimized for utility-scale applications of photovoltaic, wind-electric, and fuel-cell systems[J]. IEEE Transactions on Power Delivery, 1995, 10(4): 1920-1926.

[61] Wang L, Lin Y H. Dynamic stability analyses of a photovoltaic array connected to a large utility grid[C]. 2000 IEEE Power Engineering Society Winter Meeting. Conference Proceedings(Cat. No. 00CH37077). Singapore: IEEE, 2000: 476-480.

第 2 章　分布式发电集群聚类等值建模方法

2.1　引　言

分布式电源大规模接入配电网，可能对电网的安全运行及分布式电源发电经济效益造成较大影响[1]。目前，随着分布式电源装机容量爆发式增长，形成了分布式发电集群，很多国家对分布式发电集群展开研究，但除了在发电设备研发、制造和设备自身控制方面具有一些较成熟的技术外，涉及分布式发电集群并网后对电网的影响，以及电网在系统优化、协调控制等诸多方面问题的研究才刚刚起步，而对分布式发电集群的建模是开展上述工作的基础[2-4]。另外，分布式发电集群模型具有维数高、规模大、仿真慢的问题，要解决此问题，迫切地需要开发大规模多类型分布式发电集群等值建模系统，全面、快速、高效地支持多个电源点及多种类型以上的分布式电源多时间尺度等值建模，实现大规模分布式发电集群高效精确建模和含大规模分布式电源电网仿真的大幅高效降维[5]。

2.2　分布式发电集群动态模型及等值

2.2.1　概述

按照模型特性来分，分布式电源的集群化等值模型可以分为：①集群稳态等值建模；②集群动态等值建模；③集群电磁暂态等值建模。其中，集群稳态模型基于电力电子变换原理和功率平衡原理建立，其模型维数较低，建模简单，主要用于分布式电源规模化接入电网的适应性等稳态分析[6-24]。文献[25]为本系列丛书"分布式发电集群并网消纳专题"的第一本，本书作者重点参与了该书第 5 章内容的撰写，关于"分布式发电集群稳态模型及等值"的相关内容，读者可参考该书的相关内容。相比稳态模型，集群动态等值建模从并网分布式电源的动态输出特性出发，采用先聚类后等值的思路，适用于计及分布式发电集群并网的系统暂态特性分析[26-33]。

2.2.2　风机集群动态模型及等值

1. 风机集群动态模型

双馈感应式风电机组由风力机、双馈电机、变流器及其控制系统组成，风力机通过齿轮箱与发电机转子相连，将风功率转化为电功率。转子通过背靠背换流器与电网相连，通过换流器控制实现转子转速范围在-30%到 40%之间变化，进而能够灵活控制转子流入或流出电网的功率，实现对双馈风电输出有功和无功功率的解耦控制。典型的双馈异步风力发电机组结构如图 2.1 所示，u_r 和 i_r 分别为双馈异步电机转子的电压和电流；u_s 和 i_s 分别为双馈异步电机定子的电压和电流。

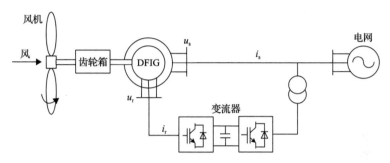

图 2.1　双馈风力发电系统结构图

1) 风力机动态模型

风力机是将风能转化为机械能的装置。风力机捕获的功率可以通过下式来描述。

$$\begin{cases} P_{w} = \dfrac{1}{2} C_{p}(\lambda, \beta) \rho \pi R^{2} v^{3} \\ \lambda = \dfrac{R\Omega}{v} \end{cases} \tag{2.1}$$

式中，P_w 为风力机吸收的功率；C_p 为风能利用系数；λ 为叶尖速比；β 为桨距角。C_p 为 λ 和 β 的函数：

$$\begin{cases} C_{p}(\lambda, \beta) = 0.22 \left(\dfrac{116}{\lambda_i} - 0.4\beta - 5 \right) e^{\frac{-12.5}{\lambda_i}} \\ \lambda_i = \dfrac{1}{\dfrac{1}{\lambda + 0.08\beta} - \dfrac{0.035}{\beta^3 + 1}} \end{cases} \tag{2.2}$$

2) 变桨距控制动态模型

在同一风速下，风力机存在一个最优转速从而追踪最大功率输出 P_{max}，将不同风速下最大功率点整合可得风机的功率-转速最优特性曲线：

$$P_{max} = \dfrac{1}{2} \rho \pi R_{\omega}^{2} v^{3} C_{P}(\theta_{opt}, \lambda_{opt}) = \dfrac{1}{2} \rho \pi R_{\omega}^{2} v^{3} C_{P}\left(\theta_{opt}, \dfrac{\omega_{opt} R_{\omega}}{v} \right) \tag{2.3}$$

风力机一般通过变桨距控制实现 MPPT 目标，结构框图如图 2.2 所示，P_g、P_n 和 P_{ref} 分别表示风力机的输出功率、额定功率和输出功率参考值；P_{refmax} 和 P_{refmin} 分别表示风力机输出参考功率的最大值和最小值；$K_{p\omega}$ 和 $K_{i\omega}$ 分别表示路径①中比例-积分(PI)控制器的比例和积分参数；ω_g、ω_{gopt} 和 ω_{err} 分别表示风力机的实际转速、最优转速和两者之间的差值；ω_{max} 和 ω_{min} 分别表示风力机转速的最大值和最小值；K_{pP} 和 K_{iP} 分别表示路径②中 PI 控制器的比例和积分参数；β、β_{max}、β_{min}、β_{ref}、β_{refmax} 和 β_{refmin} 分别表示风力机桨距角、桨距角最大值和最小值、桨距角参考值、桨距角参考值的最大值和最小值；T_{Power}、T_{pc} 和 T_P 分别表示转速控制器时间常数、功率控制器时间常数和桨距角动作时间常数；K_{pitch} 表示路径③中比例控制器参数。其中，路径①经过转速控制器输出最优功率参考值，路径②的控制目标为转速不越限，路径③的控制目标为功率不越限。

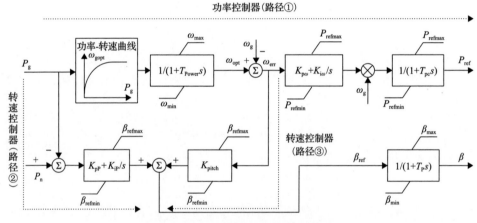

图 2.2　风力机变桨距控制模型结构框图

路径①②③的动作情况如下：当风速低于额定风速、转速也低于额定转速时，路径①根据发电机功率-转速最优特性曲线将转速 ω_g 调到转速最优值 ω_{gopt}，实现最佳功率曲线的追踪和最大风能的捕获，由于此时功率 $P_g < P_n$(额定功率)，转速 $\omega_g < \omega_{max}$(转速上限)，路径②③的桨距角控制输出为桨距角最小值 β_{refmin}，通常设为 0；当转速高于额定转速时，路径②通过比例控制增大桨距角，将转速维持在额定转速；当输出功率超过额定功率时，路径③通过桨距角补偿控制将输出功率限制在额功率。风力机控制环节动态响应速度较慢，相应地转速控制时间常数 T_{power} 和桨距角动作环节 T_P 通常较大。

3) 风电机组轴系动态模型

风力发电系统的轴系一般包含三个质块：风机质块、齿轮箱质块和发电机质块。风机质块和发电机质块一般惯性较大，对风电的中长期运行特性影响较大。

齿轮箱质块惯性较小，其主要作用是通过低速转轴和高速转轴将风机和发电机咬合在一起，在仿真中其惯性可忽略。在电力系统机电暂态仿真中，由于较关心短时间内的电气特性，常常忽略风机质块和齿轮箱质块的惯性，采用单质块模型。而动态全过程仿真中也关心时间尺度较大的风速波动特性，因此采用含风机和发电机惯量的两质块轴系模型较为准确，如式(2.4)所示。

$$\begin{cases} \dfrac{d\omega_t}{dt} = \dfrac{1}{2H_t}\Big[T_w - K_{sh}\theta_{tw} - D_{sh}(\omega_t - \omega_g)\Big] \\[2mm] \dfrac{d\theta_{tw}}{dt} = \omega_B(\omega_t - \omega_g) \\[2mm] \dfrac{d\omega_g}{dt} = \dfrac{1}{2H_g}\Big[-T_e + K_{sh}\theta_{tw} + D_{sh}(\omega_t - \omega_g)\Big] \end{cases} \tag{2.4}$$

式中，T_w、T_e 分别为风机机械转矩和发电机电磁转矩；H_t、H_g 分别为风力机、发电机等效惯量；K_{sh} 为轴系等效刚度；D 为轴系等效互阻尼；ω_B 为电气基准角速度；ω_t、ω_g 分别为风机、发电机转速。

4) 双馈电机动态模型

双馈电机一般是指绕线式异步发电机，其定子直接并网，转子通过换流器与电网相连，实现交流励磁。双馈电机在同步坐标系下的电压方程如式(2.5)所示(电动机惯例)，该模型考虑了定子暂态和转子暂态过程。

$$\begin{cases} u_{ds} = R_s i_{ds} + p\psi_{ds}/\omega_{eBase} - \omega_s\psi_{qs} \\ u_{qs} = R_s i_{qs} + p\psi_{qs}/\omega_{eBase} + \omega_s\psi_{ds} \\ u_{dr} = R_r i_{dr} + p\psi_{dr}/\omega_{eBase} - s\omega_s\psi_{qr} \\ u_{qr} = R_r i_{qr} + p\psi_{qr}/\omega_{eBase} + s\omega_s\psi_{dr} \end{cases} \tag{2.5}$$

磁链方程为

$$\begin{cases} \psi_{ds} = L_{ss}i_{ds} + L_m i_{dr} \\ \psi_{qs} = L_{ss}i_{qs} + L_m i_{qr} \\ \psi_{dr} = L_m i_{ds} + L_{rr}i_{dr} \\ \psi_{qr} = L_m i_{qs} + L_{rr}i_{qr} \end{cases} \tag{2.6}$$

电机电磁转矩为

$$T_e = -L_m(i_{qr}i_{ds} - i_{dr}i_{qs}) \tag{2.7}$$

式中，p 表示微分算子；下标 s 和 r 分别表示电机的定子和转子，u、i、ψ、R 分别表示电压、电流、磁链和电阻；L_{ss}、L_{rr} 分别为定、转子绕组自感；L_m 为定转子间互感；ω_s 为同步速，$s=(\omega_s-\omega_g)/\omega_s$ 为转差率。

5) 变流器动态模型及其控制模型

背靠背变流器一端连接转子，称为转子侧换流器；另一端连接到电网，称为网侧换流器。网侧换流器与转子侧换流器通过直流电容连接。由于双馈电机具有高阶、非线性、强耦合的特点，变流器控制广泛采用矢量控制，从而有效地实现解耦控制。

(1) 转子侧换流器。转子侧换流器的矢量控制通过控制转子电流实现转差控制，从而使得定子电流频率恒定，以及输出功率跟踪给定值。目前矢量控制中最常见的是定子磁链参考坐标系 (stator flux reference，SFRF) 下的矢量定向，简称定子磁链定向。

在三相旋转坐标系 abc 到两相同步旋转坐标系 dq 的变换过程中，将 dq 坐标系的 d 轴置于定子磁链方向上，即为定子磁链定向。此时有如下关系：

$$\begin{cases} \psi_{ds}=\psi_s \\ \psi_{qs}=0 \end{cases} \tag{2.8}$$

根据式 (2.5)，在忽略定子电阻时，定子电压落后定子磁链 90°，则有

$$\begin{cases} u_{ds}=0 \\ u_{qs}=u_s \end{cases} \tag{2.9}$$

从而，发电机定子有功功率和无功功率为

$$\begin{cases} P_s = u_{ds}i_{ds} + u_{qs}i_{qs} = u_{qs}i_{qs} = R_s\,i_s^2 + L_m(i_{dr}i_{qs} - i_{qr}i_{ds}) \\ Q_s = u_{ds}i_{qs} - u_{qs}i_{ds} = -R_s\,i_{ds}i_{qs} - \psi_s\,i_{ds} \end{cases} \tag{2.10}$$

发电机转子有功功率为

$$P_r = u_{dr}i_{dr} + u_{qr}i_{qr} = R_r\,i_r^2 + sL_m(i_{qr}i_{ds} - i_{dr}i_{qs}) \tag{2.11}$$

由式 (2.6) 和式 (2.8) 可得定子电流和转子电流的关系：

$$\begin{cases} i_{ds}=\dfrac{\psi_s - L_m i_{dr}}{L_{ss}} \\[2mm] i_{qs}=-\dfrac{L_m i_{qr}}{L_{ss}} \end{cases} \tag{2.12}$$

　　双馈风电系统总有功功率为定子侧有功与网侧换流器有功之和,考虑到稳态下网侧换流器有功与转子侧有功相等,双馈风电系统总功率为

$$P_{\mathrm{g}} = P_{\mathrm{s}} + P_{\mathrm{c}} = P_{\mathrm{s}} + P_{\mathrm{r}} \qquad (2.13)$$

　　由于双馈风电一般控制总有功功率,而对定子无功和网侧换流器无功分开控制,因此上面推导总有功功率和定子无功功率。将式(2.12)代入式(2.10)、式(2.13),可得定子电压 q 轴定向下总有功功率和定子无功功率为

$$\begin{cases} P_{\mathrm{g}} = +R_{\mathrm{s}} i_{\mathrm{s}}^{2} + R_{\mathrm{r}} i_{\mathrm{r}}^{2} - \omega_{\mathrm{r}} \dfrac{\psi_{\mathrm{s}} L_{\mathrm{m}}}{L_{\mathrm{ss}}} i_{\mathrm{qr}} \\ Q_{\mathrm{s}} = -\dfrac{L_{\mathrm{m}} \psi_{\mathrm{s}}}{L_{\mathrm{ss}}} \left(i_{\mathrm{dr}} - \dfrac{\psi_{\mathrm{s}}}{L_{\mathrm{m}}} \right) \end{cases} \qquad (2.14)$$

　　由式(2.14)看出,通过进行补偿,总有功功率和转子 q 轴电流、定子无功和转子 d 轴电流成比例关系,可以得到转子侧换流器控制框图如图 2.3 所示,P_{g} 和 P_{ref} 分别表示双馈风力发电机输出的有功功率和有功功率参考值;Q_{s} 和 Q_{ref} 分别表示定子无功功率和无功功率参考值;i_{dref} 和 i_{qref} 分别表示转子电流在 d 轴和 q 轴的参考值;ω 表示转子转速;θ_{r} 和 θ_{ψ} 分别表示转子电压相位和定子磁链相位;T_{P} 和 T_{Q} 分别表示有功功率和无功功率的滤波时间常数;K_{pP}、K_{iP}、K_{piq} 和 K_{iiq} 分别表示对应 PI 控制器的比例和积分参数;P_{md} 和 P_{mq} 分别表示 d 轴和 q 轴的调制信号。

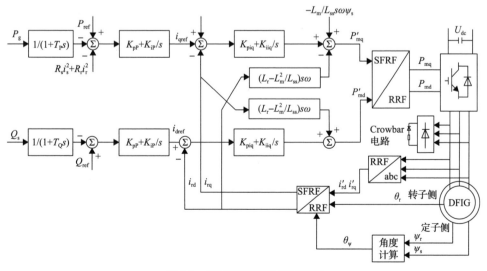

图 2.3　转子侧换流器控制框图

　　图 2.3 中,由于最终控制的是转子电压,首先将双馈电机的定子磁链、转子

磁链、转子电流变换到转子参考坐标系(rotor reference，RRF)，再将转子电流变换至 SFRF。P_{ref} 来自图 2.2 的输出，U_{ref} 是自动电压控制的参考值。通过比例积分(proportional integral，PI)控制器得到转子 dq 轴电流参考值 i_{dref}、i_{qref}，再经过内环电流控制和补偿环节得到转子电压的控制信号，最终通过控制转子电压实现对功率参考信号的跟踪。转子侧换流器及其控制的动态环节中，功率/电压滤波环节、外环功率/电压控制器时间常数为毫秒级，内环电流控制环节为毫秒级，电力电子开关为微秒级。

(2)网侧换流器。网侧换流器控制同样采用矢量控制，不过相比于转子换流器控制，其耦合关系较少，控制较为简单。网侧换流器输出功率为

$$\begin{cases} P_c = u_{dc}i_{dc} + u_{qc}i_{qc} \\ Q_c = u_{dc}i_{qc} - u_{qc}i_{dc} \end{cases} \tag{2.15}$$

在定子电压参考坐标系(stator voltage reference，SVRF)下，有

$$\begin{cases} P_c = u_{dc}i_{dc} \\ Q_c = -u_{dc}i_{qc} \end{cases} \tag{2.16}$$

从而可以通过控制网侧换流器的 dq 轴电流来控制注入电网的功率。

转子侧换流器和网侧换流器通过直流电容连接，描述该动态的直流电压方程为

$$Cu_{dc}\frac{du_{dc}}{dt} = (P_c - P_r)S_{Base} \tag{2.17}$$

式中，C 为直流电容值；u_{dc} 为直流电压；P_c 为网侧换流器注入电网的功率，P_r 为转子换流器输出功率。

网侧换流器控制如图 2.4 所示，U_{dc} 和 U_{dcref} 分别表示网侧换流器直流电压和直流电压参考值；Q_c 和 Q_{cref} 分别表示网侧换流器无功功率和无功功率参考值；i_{c_abc}、i_{dc} 和 i_{qc} 分别表示网侧换流器的输出电流在三相 abc 坐标系下的值、在同步坐标系下 d 轴分量和 q 轴分量；T_{udc} 和 T_{Qc} 分别表示网侧换流器直流电压和无功功率的滤波时间常数；K_{pudc}、K_{iudc}、K_{pQc}、K_{iQc}、K_{pid}、K_{iid}、K_{pid} 和 K_{iid} 分别表示对应 PI 控制器的比例和积分参数。可以看出，当网侧换流器注入电网的功率与转子换流器输出功率不平衡时，会引起直流电压的升高或降低。因此，网侧换流器控制的目标为通过调整有功电流，使直流电压维持稳定，从而能够将转子侧功率稳定输出到电网，或按照转子侧功率需求将功率输送至转子。经过外环直流电压控制和无功控制得到网侧换流器的电流参考值 i_{dcref}、i_{qcref}，再经过内环电流控制得到网侧换流器的调制信号，实现对直流电压参考值 U_{dcref} 和 Q_{cref} 的追踪。

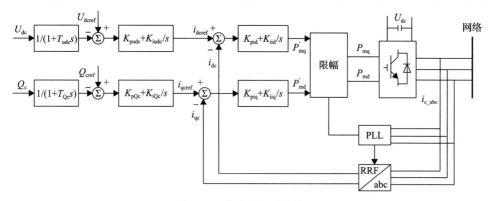

图 2.4　网侧换流器控制框图

2. 风机集群的层次聚类过程

随着配电网中的风电规模不断扩大，对风电集群的建模引起了关注。如果对风电集群中的每一台机组、每一条线路进行建模，模型将达到上千阶，造成"维数灾"，在仿真中计算速度慢甚至难以收敛。当研究中只需要获取风电集群的整体外特性而不关注内部每一台机组的特性时，可以对风电集群进行等值建模，获得与详细模型外特性等效而阶数大大降低的等值系统。

1）风机集群划分指标

风电机组运行点接近也就是同组机组内各状态变量应该具有类似的动态响应。但是，由于风电机组单机模型阶数高，状态变量高达十几个，如果将所有状态变量都作为分群指标，可能导致数据冗余，使关键信息被淹没。此外，风电机组模型一般是封装的，面向动态全过程仿真的模型还会对一些环节进行简化，很多状态变量也无法直接获取。考虑到风电机组的各个环节是耦合的，可以将一些中间状态变量消去，只保留最重要且容易获取的变量作为分群指标。另外，还应考虑到选取的指标应能够反映动态全过程仿真时间尺度下的特性。下面具体分析双馈风力发电系统的运行与控制原理，选取分群指标。

风力发电系统是一个多环控制系统，如图 2.5 所示，系统输入为风速和电压，整体控制目标是，控制当前风速下的有功功率按给定值输出、转速不越限，并通过控制无功对电压进行调控。具体的控制步骤如下。

（1）最外环的控制上，转速控制根据转速和有功值不断调整有功参考值，达到输出有功最优；电压控制根据电压运行情况获得无功参考值。桨距角控制通过调整桨距角达到功率和转速不越限。

（2）内环控制上，通过变流器外环控制得到转子电流参考值，进一步通过变流器内环控制得到转子电压参考值，最后通过变流器输出转子电压给双馈电机。

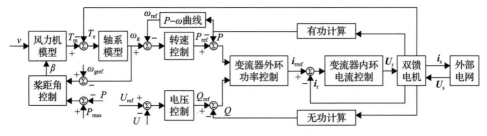

图 2.5　双馈风力发电系统控制框图

(3) 在定子电压和转子电压的作用下, 双馈电机输出的电磁转矩和风机的机械转矩进行作用, 实现转速的平衡, 将风功率转化为电功率。

(4) 双馈电机根据电压和电流计算功率, 传递给前述控制环节, 实现闭环控制。

对于多环控制, 内环控制追踪外环控制的给定值, 在系统稳定时, 内环变量的信息能够通过外环变量体现, 即外环变量可以体现系统的运行点。内环往往比外环控制时间常数更快, 也就比外环控制更快达到稳定。变流器内环转子电流控制以及其控制下的双馈电机转子动态时间常数都很小, 在动态全过程仿真时间尺度上可以忽略。剩余的状态量中, 风机模型、转速控制、转子变流器外环功率控制涉及量为风速、桨距角、有功参考值、有功功率、转子电流参考值, 考虑到数据的易获取性, 选取风速和有功功率为特征量。在无功控制方面, 选取电压和无功为特征量。由此可以得到 4 个体现风电机组运行点的指标: 风速 v、有功功率 P、无功功率 Q、机端电压 U。

2) 风机集群层次聚类算法

对风机进行分群时, 需要借助聚类算法。聚类算法是丰富多样的, 根据聚类分析中聚类策略的不同, 目前聚类分析方法主要分为划分聚类方法和层次聚类方法两类。划分聚类方法是指依照目标函数最小化的原则, 直接将数据集划分为相应的子集, 使得在相同子集内的数据对象相似度较高, 而在不同子集内的数据对象相似度较低, 通常, 子集的个数是指定的。层次聚类方法是通过分解与合并数据组成若干簇, 实现聚类, 反映了类别的层次关系。层次聚类最大的优点在于可以一次性的得到整个聚类过程, 只要得到了聚类树想要分多少聚类都可以直接根据树结构得到结果, 而不需要重新计算。层次聚类的缺点就是计算量比划分聚类方法大, 因为每次都要计算类内所有数据点的两两距离。考虑到风电聚类过程中数据量较小, 而且分群数量要根据具体情况来确定, 一次性得到整个聚类过程能够避免做重复工作, 因此选取层次聚类法作为集群划分算法。

层次聚类法[27], 又称聚类树法, 是递归地对数据对象进行合并或分裂, 直到满足某种终止条件。"自底向上"的聚类方法采用较多, 该方法初始时将每个对象作为单独的一个聚类, 然后相继地合并相互距离较近的聚类, 直到所有的聚类合并成一个聚类或是满足一个终止条件，如类的数目到达预定值，或者最近的类之间的距离达到了给定的阈值。合并型层次聚类及产生聚类树图的基本步骤如表 2.1 所示。

表 2.1　层次聚类法一般步骤

步骤	算法
步骤一	计算 n 个对象两两之间距离
步骤二	构造 n 个单成员聚类 $C_1, C_2, \cdots, C_n$，每一类的高度都为 0
步骤三	找到两个最近的聚类 C_i、C_j，合并 C_i、C_j，聚类的个数减少 1，以被合并的两个类间距离作为上层的高度
步骤四	计算新生成的聚类与本层中其他聚类的间距，如果满足终止条件，算法结束，否则重复步骤三

常用的距离度量标准是欧几里得距离，计算公式如下：

$$\text{dist}(X, Y) = \sqrt{\sum (x_i - y_i)^2} \tag{2.18}$$

动态仿真场景主要有两个：风速波动场景和电压跌落场景。下面结合分群指标，给出分群步骤。

(1) 风速波动下：风电集群接入配电网后，在风速波动下，风电机组出力变化会导致电压波动较大，有功、无功也会有很大波动，这使得在不同风速下的聚类等值结果会有较大差异。在每一风速下进行分群会带来分群数过多，可以考虑选取较关心的几个风速点，如最大风速，最小风速，额定风速等，从而所获得的分群结果能够在很大的风速范围内均适用。分群步骤如下。

①各风电机组接收的风速不同时，考虑到风速-功率曲线具有明显的三段特性（启动区、MPPT 区、恒转速恒功率区）[28]，以风速为分群指标，根据风速值所在区段，进行第一次分群。

②获取最小风速、最大风速、额定风速等典型运行点处的有功、无功、机端电压，以对应的 $[P, Q, U]$ 向量为分群指标，采用层次聚类法进行分群。采用标准化的欧氏距离，从而更好地衡量数据间的相似性。距离计算如下：

$$d_{ij} = \sqrt{\left(\frac{P_i - P_j}{s_P}\right)^2 + \left(\frac{Q_i - Q_j}{s_Q}\right)^2 + \left(\frac{U_i - U_j}{s_U}\right)^2} \tag{2.19}$$

式中，P_i、P_j、Q_i、Q_j、U_i、U_j 分别为第 i 台、第 j 台风电机组当前风速下的有功、无功、电压；s_P、s_Q、s_U 分别为所有机组有功样本集的标准差、无功样本集的标准差、电压样本集的标准差。

(2) 电压跌落下：本书建立的风电模型在电压跌落期间采用有功优先控制，风速在很大程度上决定着电压跌落期间风电的运行点，因此电压跌落下的分群也应考虑风速。另外，在电压跌落期间，往往关心的是故障期间风电集群的动态特性，因此选取故障期间的有功、无功、电压波形作为分群指标。步骤如下。

① 当各风电机组接收的风速不同时，同样以风速为分群指标，根据风速-功率曲线中风速值所在区段，进行第一次分群。

② 以故障期间的有功 P_i、无功 Q_i、电压 U_i 波形数据为指标，采用层次聚类法，进行第二次分群。$\boldsymbol{P}_i=[p_{i1}, p_{i2}, \cdots, p_{in}]$，$\boldsymbol{Q}_i=[q_{i1}, q_{i2}, \cdots, q_{in}]$；$\boldsymbol{U}_i=[u_{i1}, u_{i2}, \cdots, u_{in}]$，距离计算如下：

$$d_{ij} = \sqrt{\sum_{k=1}^{n}\left(\frac{p_{ik}-p_{jk}}{s_P}\right)^2 + \sum_{k=1}^{n}\left(\frac{q_{ik}-q_{jk}}{s_Q}\right)^2 + \sum_{k=1}^{n}\left(\frac{u_{ik}-u_{jk}}{s_U}\right)^2} \tag{2.20}$$

3）最佳分群数量

利用簇内平方误差和（sum of squared error，SSE）来确定最佳聚类数目是一种较有效的方法。SSE 定义如下[29]：

$$\begin{cases} SSE = \sum_{i=1}^{n}\sum_{j\in i}\left\|X^{(i,j)}-C^{(i)}\right\|_2^2 \\ C^{(i)} = \sum_{j\in i}X^{(i,j)} \end{cases} \tag{2.21}$$

式中，$X^{(i,j)}$ 为属于第 i 个集群的第 j 个样本；$C^{(i)}$ 为第 i 个集群的聚类中心。

SSE 体现了簇内样本之间的相似度。随着簇数目的增多，每一个簇内样本数下降，SSE 也会随之下降。当增加簇数目，SSE 下降的速度变慢了，就说明进一步增加簇数量样本间相似度变化得不明显，则前一个聚类结果已经取得了较好的结果。因此，若不同簇数量的 SSE 连接成的曲线斜率在某两段间有较大变化，且后面的斜率明显平缓，则拐点可作为最佳分群数量。

3. 风机集群等值参数计算

图 2.6 表示了一般风电集群的详细接线结构和等值后的接线结构，其中，PCC 点为风电集群接入点。等值参数的计算包括风电机组的等值参数、系统内负荷参数和集电线路的等值参数计算。对于风电机组的等值参数，由于经过聚类划分后，被划分到同组的风电机组运行点接近，在同组内机组型号相同的情况下，经过简单的容量加权法获得的参数即能满足一般的精度要求。对于集电线路的等值参数，可依据等损耗原则进行计算。

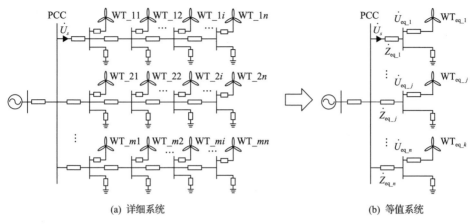

(a) 详细系统　　　　　　　　　　　　　　(b) 等值系统

图 2.6　风电集群等值前后接线

1) 风电机组参数等值

风电集群的等值建模，是用一台等值机组来表征原来几台机组的运行特性，因此等值机组的结构仍然可以采用等值前机组的机理模型，只是对具体参数进行等值计算。本书第 2 章建立的分散式双馈风电单机降阶模型即为机理模型，物理意义明确，因此本章等值风电模型的结构与第 2 章的单机模型相同，下面给出参数的计算步骤[30]。

对于同组内的 m 台风电机组，发电机等值参数计算如下：

$$\begin{cases} S_{\text{eq}} = \sum_{i=1}^{m} S_i, \quad P_{\text{eq}} = \sum_{i=1}^{m} P_i, \quad x_{m\_\text{eq}} = \dfrac{x_m}{m} \\ x_{s\_\text{eq}} = \dfrac{x_s}{m}, \quad x_{r\_\text{eq}} = \dfrac{x_r}{m}, \quad r_{s\_\text{eq}} = \dfrac{r_s}{m}, \quad r_{r\_\text{eq}} = \dfrac{r_r}{m} \end{cases} \quad (2.22)$$

轴系等值参数计算如下：

$$\begin{cases} H_{\text{g}\_\text{eq}} = \dfrac{1}{S_{\text{eq}}} \sum_{i=1}^{m} H_{\text{g}\_i} S_i, \quad H_{\text{wt}\_\text{eq}} = \dfrac{1}{S_{\text{eq}}} \sum_{i=1}^{m} H_{\text{wt}\_i} S_i \\ K_{\text{sh}\_\text{eq}} = \dfrac{1}{S_{\text{eq}}} \sum_{i=1}^{m} K_{\text{s}\_i} S_i, \quad D_{\text{eq}} = \dfrac{1}{S_{\text{eq}}} \sum_{i=1}^{m} D_i S_i \end{cases} \quad (2.23)$$

风电集群内机组的控制参数一般相等，因此等值后的控制参数与等值前相等。

以等值前后风电机组输出有功功率相等为原则计算等值风速。风电机组厂家一般会提供双馈风电机组的风速-功率曲线，在仿真中若没有风速-功率曲线，也可以通过在不同风速下进行仿真来获取。在利用式 (2.22) 计算出等值机组的功率后，通过风速-功率曲线拟合的反函数来求取等值风速，即

$$v_{\text{eq}} = f^{-1}\left(\frac{1}{m}\sum_{i=1}^{m} f(v_i)\right) \qquad (2.24)$$

2) 负荷和集电线路参数等值

下面给出负荷和集电线路的等值参数计算步骤。对于图 2.6(a) 所示线路，假设经过聚类过程后，风电机组 WT_i 属于第 k 机群。为了进行说明，图 2.7 对图 2.6(a) 中的一条线路中各变量进行标注，$\dot{S}_i$ 为第 i 个风电机组的输出功率；$\dot{Z}_{si}$ 为风电机组与母线间的阻抗，包括变压器阻抗、集电线路阻抗；$\dot{Z}_i$ 为母线节点间的集电线路阻抗，$\dot{Z}_{1i}$ 为节点 i 的恒定负荷阻抗；$\dot{U}_s$、$\dot{I}_s$ 分别为 PCC 点的电压、电流。以上均为已知量。

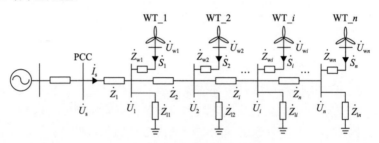

图 2.7 详细系统局部接线

节点 i 的负荷功率 $\dot{S}_{1i}$ 为

$$\dot{S}_{1i} = \sqrt{3}\,\frac{U_i^2}{\dot{Z}_{1i}^*} \qquad (2.25)$$

风电机组 i 与母线间的阻抗的功率损耗 $\Delta\dot{S}_{si}$ 为

$$\Delta\dot{S}_{si} = \frac{|\dot{U}_i - \dot{U}_{wi}|^2}{\dot{Z}_{wi}^*} \qquad (2.26)$$

母线间每条集电线路的功率损耗 $\Delta\dot{S}_i$ 为

$$\Delta\dot{S}_i = 3\left(\sum_{j=i}^{n} \frac{\dot{S}_j}{\sqrt{3}\dot{U}_j}\right)^2 \dot{Z}_i \qquad (2.27)$$

可得 k 集群内风电机组、负荷及其集电线路输入到电网的总功率为

$$\dot{S} = \sum_{i\in k}\dot{S}_i - \sum_{i\in k}\dot{S}_{1i} - \sum_{i\in k}\Delta\dot{S}_i - \sum_{i\in k}\Delta\dot{S}_{si} \qquad (2.28)$$

等值目标为等值前后 PCC 点电压相等，输出功率相等，即式 (2.28) 中的 $\dot{S}$ 为等值后第 k 条线路向 PCC 点注入的功率。从而等值电流为

$$\dot{I}_{eq}=\left(\frac{\dot{S}_{PCC}}{\dot{U}_s}\right)^*=\left(\frac{\dot{S}}{\dot{U}_s}\right)^* \tag{2.29}$$

从而集电线路等值阻抗 $\dot{Z}_{eq}$ 为

$$\dot{Z}_{eq}=\frac{\dot{S}-\sum\limits_{i\in k}\dot{S}_i-\sum\limits_{i\in k}\dot{S}_{1i}}{I_{eq}^2} \tag{2.30}$$

风电机组接入点的等值电压 $\dot{U}_{eq}$ 为

$$\dot{U}_{eq}=\dot{U}_s-\dot{Z}_{eq}\dot{I}_{eq} \tag{2.31}$$

等值负荷阻抗 $\dot{Z}_{1\_eq}$ 为

$$\dot{Z}_{1\_eq}=\frac{U_{eq}^2}{\sum\limits_{i=1}^{n}\dot{S}_{1i}} \tag{2.32}$$

可以看出，集电线路和负荷阻抗的等值数据与当前的潮流数据有关，而在动态仿真中，潮流分布是随系统状态变化而变化的。若等值参数随着潮流变化而变化，不便于在实际中应用。在风速波动的仿真场景下，考虑到线路的损耗随着输送功率的增加而增加，在线路损耗最大时，集电线路参数对系统的影响最大，因此以机组最大出力下的潮流数据进行等值参数计算可有效降低绝对误差。在故障仿真场景下，更关心故障期间的系统特性，且故障期间通常要输出较大的有功和无功对系统进行支撑，线路损耗比稳态运行下更大，因此以故障期间的运行状态数据为依据进行等值参数计算。

4. 算例分析

1) 算例介绍

在某实际地区的 10kV 级配电网系统上接入风电集群，如图 2.8 所示，作为验证本文聚类等值建模方法的算例系统。该系统共有 84 个节点，共接入 25 台双馈风电机组，每台机组经由 690/10kV 变压器接入电网。系统线路参数整体呈现出线路 R/X 略大于 1 的特性。将 35kV 母线低压侧作为风电集群的 PCC 点。仿真算例在课题组具备自主知识产权的分布式发电集群实时仿真测试平台 DGRSS 上搭建。

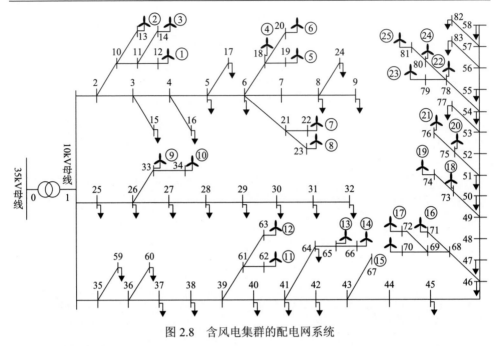

图 2.8　含风电集群的配电网系统

2) 实验结果

首先, 通过仿真的方法获取风速-功率曲线。在风速[4,14]m/s 区间, 每 0.5m/s 进行一次仿真, 获得稳态下风速-功率曲线。对于本书中采用的风电机组, 风速达到 12m/s 及以上时功率为 1(标幺值), 因此利用 MATLAB 中的多项式拟合函数对风速在[4,12]m/s 区间的曲线进行拟合, 拟合为 4 次多项式时能获得较好的效果, 实际曲线和拟合曲线对比如图 2.9 所示。由于等值中是已知功率, 计算风速, 因此拟合时以有功功率为自变量, 风速为因变量。

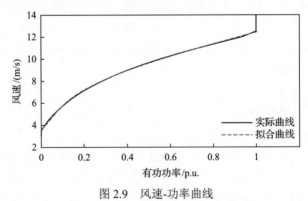

图 2.9　风速-功率曲线

(1) 风速波动下验证。验证风速波动下同调动态等值方法的效果。由于分散式风电集群中风电机组分散分布, 风机间距离比集中式风电远, 受尾流效应影响小,因此暂不考虑尾流效应，认为各风电机组接收到的风速相等，省去了第一步的按风速分群。风速在[0,150]s 内为 6m/s，[150,200]s 间斜坡上升至 14m/s，并保持该风速 100s。

　　对详细系统进行仿真，获得各机组有功、无功、机端电压。首先根据 6m/s 下稳定运行的数据，采用层次聚类法进行第一次分群，得到图 2.10(a)所示的聚类树。计算不同分群数量下的 SSE，形成的曲线如图 2.10(b)所示。可以看出，在 2 处出现了明显的拐点，因此分群数设定为 2。

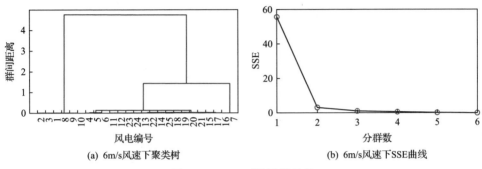

(a) 6m/s风速下聚类树　　　　　　　　(b) 6m/s风速下SSE曲线

图 2.10　6m/s 下的聚类结果

　　再以 14m/s 下的数据进行二次分群，如图 2.11 所示，SSE 曲线在 2 处出现了明显的拐点，因此分群数也设定为 2。综合两次的分群结果，可以看出，机组 8 在低风速和高风速下分属两个集群，考虑到地理接线上机组 8 与 9、10 机组更接近，因此将其划分到 9、10 机组所在集群中。最终分群结果如表 2.2 所示。

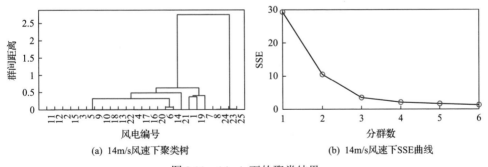

(a) 14m/s风速下聚类树　　　　　　　　(b) 14m/s风速下SSE曲线

图 2.11　14m/s 下的聚类结果

表 2.2　风速波动下分群结果

群号	机组编号
集群 1	4,5,6,7,11,12,13,14,15,16,17,18,19,20,21,22
集群 2	1,2,3,8,9,10
集群 3	23,24,25

等值系统包含 3 台等值机组。对比详细系统和等值系统的仿真结果,如图 2.12 所示。可以看出,在稳态下,等值系统与详细系统具有一致的精度,在高风速下的精度要比低风速下的精度高,这是由于集电线路和负荷参数等值是以高风速工况下的数据来计算的。在动态下也表现出变化趋势基本一致的响应,但由于详细系统的风电集群中机组间有干线式接线结构,某一机组输出的功率会在一定程度上影响其他机组接入节点的电压,而等值系统中等值机组为放射式接线,不能准确反映这种情况,因此等值系统的动态精度有所降低。此外,该算例仅以最低风速和最高风速进行分群,也导致了动态期间精度降低。若想要得到更高精度,则可在现有分群基础上,以其他风速下的运行数据再进行分群。在仿真速度上,等值系统相比详细系统节省了约 3/4 的时间,说明等值模型在保留一定模型精度的同时大大加快了仿真时间。

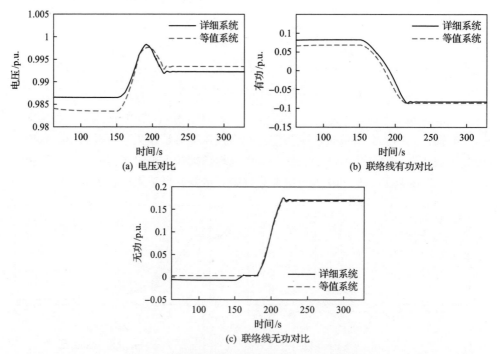

图 2.12　风速波动下等值前后 PCC 点处曲线对比

　(2)电压跌落下验证。验证电压跌落扰动下等值方法的有效性。为不失一般性,各风电机组接受的风速不同,如表 2.3 所示。10s 时联络线发生接地故障,故障期间 PCC 点电压跌落至 0.7,0.4s 后故障消失。

　风速 12m/s 在恒功率恒转速区,风速 8~11m/s 在 MPPT 区,由此对风电机组进行第一次分群。以[10, 10.4]s 内的有功、无功、电压数据为分群指标,采用层次聚类法进行聚类，得到图 2.13（a）所示的聚类树，进行第二次分群。在不同的分群数量下，计算 SSE，获得 SSE 曲线如图 2.13（b）所示。拐点出现在分群数为 3 和 5 处。考虑到详细系统内机组数量较少，集群数设定为 3，具体分群结果如表 2.4 所示。

表 2.3　各风电机组接受风速

风电机组编号	风速/(m/s)	风电机组编号	风速/(m/s)
1,2,3,9,10	12	16,17,18,19,20,21,	9
4,5,6,7,8	11	22,23,24,25	8
11,12,13,14,15	10		

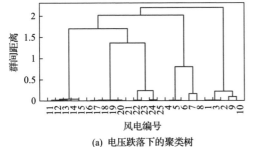
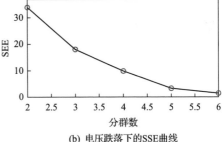

(a) 电压跌落下的聚类树　　(b) 电压跌落下的SSE曲线

图 2.13　电压跌落下的聚类结果

表 2.4　电压跌落下分群结果

群号	机组编号
集群 1	1,2,3,9,10
集群 2	4,5,6,7,8
集群 3	11,12,13,14,15,16,17,18,19,20,21,22,23,24,25

根据 3.4 节所述方法计算等值参数。等值系统和详细系统的仿真结果对比如图 2.14 所示，可以看出，等值前后的变化趋势具有一致性。由于等值集电线路和负荷参数是以电压跌落下的数据进行计算的，在电压跌落期间等值系统具有较高的精度，而在电压未跌落期间则有一定偏差，但偏差不大。由于等值系统中各台机组是放射式接线结构，同样不能反映等值前干线式接线结构时机组间的相互影响，导致动态过程的等值精度较低。此外，由图 2.12 可以看出，等值机组的机端电压差异大，使得各风电机组运行点也有很大差异，要提高精度，就不可避免地要增加分群数量。等值系统相比详细系统节省了约 3/4 的时间，在保留了一定仿真精度的同时大大提升了仿真效率。

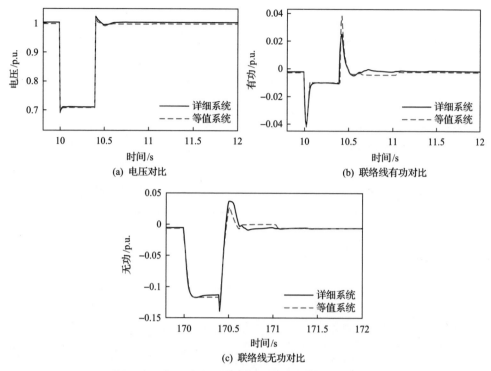

图 2.14　电压跌落下等值前后 PCC 点运行曲线对比

2.2.3　面向光伏集群动态等值的深度学习聚类混合建模框架

聚类等值模型的本质是将具有相似动态特性的光伏电站分至相同的组，然后利用分组中心电站来表示整个组。该模型的精度高于单电站等值模型，其复杂度低于详细模型。

总之，聚类模型具有最佳的整体性能，因为其折中了准确性和复杂性。然而，仿真结果(具体实验可参见本系列丛书文献[25]的第 5.2.1 小节，本书作者所著"光伏发电集群动态模型及等值"相关内容)表明，如果光伏电站的动态参数值分散，该模型的拟合精度将大大降低。这是由聚类算法本身的特性造成的，改进聚类算法不能消除这一缺点。此外，光伏集群是一个复杂的高阶非线性系统，所需的方法必须能够捕捉到这种非线性特性。最后，所研究的动态问题具有很强的时序特性，当采样频率较高时，它将在光伏集群中生成非常高的维数据。因此，必须考虑历史数据对当前数据的影响及高维时间序列数据所带来的问题。

基于上述原因，利用深度学习(deep learning, DL)技术实现了光伏集群的高精度建模。多层神经元的 DL 技术具有很强的非线性数据处理能力，可以在不进行深度处理的情况下学习原始数据中的低级特征。已经证明，当数据足够时，DL

可以无限逼近任何非线性函数[38]。

另外，在 DL 技术中，长短时记忆(long short term memory，LSTM)网络具有几种独特的门结构，这些都可以解决梯度消失的问题，这是其他网络在处理高维时间序列数据时很难处理的问题。因此，从 DL 技术中选择 LSTM 网络，利用该网络作为聚类模型与详细模型之间的补偿系统，对聚类模型进行误差修正。

综合 DL 和聚类建模方法的优点，本节提出了一种高精度的光伏集群动态建模框架[39]，其结构如图 2.15 所示。模块①是光伏集群的聚类等值模型，主要由相关聚类技术和光伏电站数学模型组成。模块②是 PV-ECM，用于拟合详细模型和聚类等值模型之间的误差。ECM 由 DL-网络和相应的 DL 优化算法组成。如果光伏集群接收到的辐照度 S 或温度 T 发生变化，或集群中发生一些运行事件(如负载变化、短路)，系统进入动态过程。在某一时刻 t，光伏集群的聚类等值模型输出相应的有功功率 $p_c(t)$ 和无功功率 $q_c(t)$。同时，将详细模型的输出有功功率 $p_d(t)$ 和无功功率 $q_d(t)$ 分别减去 $p_c(t)$ 和 $q_c(t)$，分别得到有功功率和无功功率误差 $e_p(t)$ 和 $e_q(t)$。

$$e_p(t) = p_d(t) - p_c(t) \tag{2.33}$$

$$e_q(t) = q_d(t) - q_c(t) \tag{2.34}$$

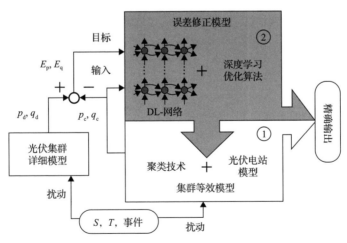

图 2.15　深度学习-聚类混合建模框架

DL 聚类混合建模框架的工作原理如下。首先，针对光伏集群的详细模型和聚类等值模型，通过不同运行工况下的仿真，得到了大量具有误差信息的功率数据。然后，将聚类等值模型的输出功率数据作为 ECM 模块的输入，通过减法得到的功率误差数据作为 ECM 模块的目标输出。最后，对 DL-网络进行训练，使 ECM

的输出值尽可能接近相应的功率误差值。

在动态过程中，动态模型的电流输出误差不仅与当前系统输入有关，还与过去时间的输入和系统状态有关，在构建 PV-ECM 时，必须考虑系统的历史数据。因此，利用 LSTM 网络构建了 PV-ECM，其在传统的 RNN 的基础上增加了选择性存储器机制，克服了梯度消失。

综上所述，DL 聚类混合建模框架既能反映实际光伏集群的主要特点，又能解决集群模型固有的缺陷，它比聚类模型具有更高的精度，比简单的 DL 建模更可靠。这个框架的另一个优点是它可以很容易地扩展到实际应用中，聚类模型与详细模型之间的误差可以先验补偿，然后，在实际光伏系统中对所提出的框架进行在线或离线训练，使光伏 ECM 进一步拟合实际的光伏集群系统。在扩展过程中，不需要改变聚类模型的组成部分。

1. 基于 LSTM 的 PV 误差修正模型

光伏 ECM 由一个深层 LSTM 网络组成，如图 2.16(a) 所示。它包括用于提取输入特征的 l 层隐藏层和用于将提取的特征映射到目标的全连接(FC)层。对于每个隐藏层，除了 x_t，输入变量还包括最后一个时间点的输出值 h_{t-1}^i 和单元状态 c_{t-1}^i，输出变量包括 h_t^i 和 c_t^i，其中 $i=1,\cdots,l$。显然，当前输入包含历史信息，可以通过沿时间轴展开网络来表示，如图 2.16(b) 所示。图 2.17 所示的每个隐藏层是一个 LSTM 神经元。为了解决传统 RNN 的梯度消失问题，LSTM 神经元设计了几种特殊的门结构，如遗忘门、输入门和输出门。门的操作是将一个输入向量映射到一个元素为 0~1 的门向量上，然后将其与目标向量相乘，获得选择性存储的部分。例如，将目标向量中的元素乘以 1 表示完全记住，而乘以 0 表示完全忘记。在时

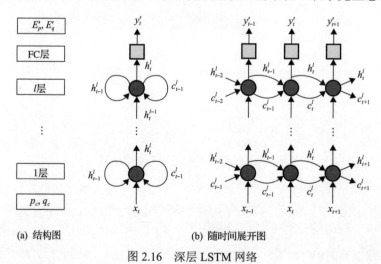

(a) 结构图　　　　　　　　(b) 随时间展开图

图 2.16　深层 LSTM 网络

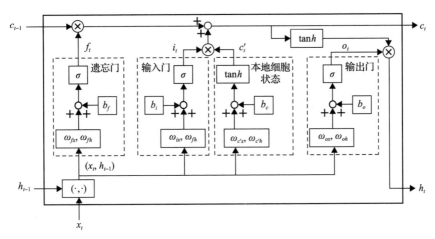

图 2.17　LSTM 神经元结构

间 t 时，输入向量 (x_t, h_{t-1}, c_{t-1}) 通过 LSTM 神经元的每个门，只选择和记忆有用的信息，以便最终输出只包含有用的向量 (C_t, h_t)。每层的 h_t 也是下一层的输入，最后一个隐藏层的 h_t 是 FC 层的输入。FC 层将最后一个隐藏层的输出映射到光伏功率误差的拟合值。

　　基于 LSTM 的 PV-ECM 的应用可分为两部分。首先，需要利用样本数据对 LSTM 网络的参数进行优化。PV-ECM 参数优化的目的是通过光伏集群的历史数据训练 LSTM 网络，优化所有的权值矩阵和偏置向量，使其输出 y_t' 尽可能接近真实的光伏功率误差 y_t。由于光伏集群数据量大、维数高，将其分为不同批次。每批数据通过时间反向传播(BPTT)算法连续迭代数次，以达到所需的精度。其次，当得到新的光伏聚类模型输出数据时，可以根据训练后的 LSTM 网络计算误差拟合值。时间为 t 时，输入为 $x_t=[p_c(t), q_c(t)]$，拟合输出为 $y_t'=[E_p'(t), E_q'(t)]$。在动态过程中，输入是一个长度为 τ 的时间序列，即 $X=[x_1, \cdots, x_t, \cdots, x_\tau]$，输出是 $Y'=[y_1', \cdots, y_t', \cdots, y_\tau']$。

2. 仿真测试

　　仿真系统是在桃岭变电站供电区域(115.87°E，31.67°N)内的辐射状配电网基础上构建的，如图 2.18(a)所示。20 座两级式光伏电站的装机容量为：PV1～PV11各 60kW，PV12～PV13 各 180kW，PV14～PV17 各 240kW，PV18～PV20 各 300kW。总装机容量 2880kW，总网络负荷 3715+j2300kV·A，光伏渗透率超过 60%。

　　仿真中使用的双级光伏电站的光伏阵列采用易于使用的工程数学模型。除了太阳辐照度和温度外，该模型仅需少量的测量就能计算出光伏阵列的电压-电流输出特性。这些测量是标准测试环境(STC)下光伏阵列的开路电压、短路电流、最大功率电压和最大功率电流，均由制造商提供。在不考虑开关动作的情况下，

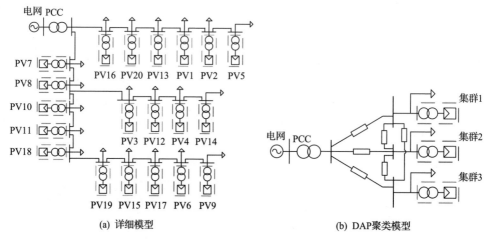

(a) 详细模型　　　　　　　　　　　　　(b) DAP聚类模型

图 2.18　高 PV 渗透率配网单线图

DC/DC 变换器和逆变器采用状态空间平均模型。MPPT 控制器跟踪的最大功率点电压可由瞬时辐照度和温度直接计算，逆变器双环控制器的无功参考值设置为 0(单位功率因数模式)，单个双级光伏电站为 10 阶，整个光伏集群为 200 阶。由于该光伏集群仿真的动态过程几乎在 0.5s 内结束，记录的动态波形持续时间为 1s，采样频率设置为 1000Hz。

在 MATLAB/Simulink 平台上建立了该系统的详细模型和聚类模型。ECM 在 Pycharm 平台上开发，该平台利用 TensorFlow 作为网络解算器，具有较好的效率和对 DL 算法处理的方便性。

1)现有聚类模型方法的对比与局限性

基于聚类算法的多机等值方法在精度和复杂度方面表现出最佳的综合性能，最新的方法是 DAP 方法(所提出方法的重要组成部分)和 K-means 方法(应用最广泛的方法)。因此，本节将介绍案例研究，比较这两种方法，并讨论聚类建模方法的局限性。

分析图 2.18(a)中光伏集群结构的 3 个案例(案例 1～案例 3)。案例 1 到案例 3 动态参数的离散度逐渐增大。与案例 1 相比，在案例 2 中，控制系统中只有少数 PI 参数值(K_i、K_{oi} 和 K_{ii})更分散，而案例 3 中的电容和电感值也进一步分散。

根据 DAP 算法，可以得到三种情况下的最优聚类结果，如表 2.5 所示。其中，案例 1 和案例 2 分为了三组，每组的光伏电站编号相同。案例 3 的最佳聚类数为 7。然而，当使用 7 个光伏电站对光伏集群进行建模时，建模的复杂度仍然很高，这并不能充分降低模型的阶数。因此，调整 DAP 算法的偏好系数，得到聚类数为 3 的相应结果。也就是说，表 2.5 中的案例 3 的原始组 1～3、4～5、6～7 重组为三个新组。

表 2.5 基于 DAP 法的 PV 电站聚类结果

案例	分组编号	PV 电站编号	分组中心
案例 1 案例 2	1	6,7,8,9,10,11,14,15	14
	2	1,2,3,12,13,18,19,20	13
	3	4,5,16,17	16
案例 3	1	4,16,17	4
	2	9,11	9
	3	5	5
	4	6,7	7
	5	8,10,14,15	10
	6	1,2,3,12,13	3
	7	18,19,20	18

根据 K-means 方法，将三个案例用初始聚类中心进行聚类，即 PV1、PV2 和 PV3。聚类结果见表 2.6，实例 1 的聚类结果与 DAP 方法的聚类结果相同，但聚类中心不同。在案例 2 和案例 3 中，聚类结果和聚类中心都不同于 DAP 方法聚类的结果。随后，随机增加 9 组初始聚类中心，得到 10 个聚类结果。结果表明，四组聚类结果与 DAP 方法相同，但四组聚类中心略有不同。在实际应用中，以这四组出现频率最高的组合作为最终聚类结果。

表 2.6 基于 K-means 法的 PV 电站聚类结果

案例	分组编号	PV 电站编号	分组中心
案例 1	1	6,7,8,9,10,11,14,15	14
	2	1,2,3,12,13,18,19,20	12
	3	4,5,16,17	16
案例 2	1	6,7,8,9,10,11,14,15	14
	2	1,12,13,20	12
	3	2,3,4,5,16,17,18,19	19
案例 3	1	1,2,3,4,5,11,16,17	4
	2	6,7,8,9,10,14,15	9
	3	12,13,18,19,20	19

根据聚类结果，建立了三种情况下的等值模型结构，如图 2.18(b)所示。进行了三次不同运行工况的实验(辐照度变化、负荷变化和短路故障)。等值模型和详细模型之间输出波形的积分误差定义如下：

$$\mathrm{IE}_P = \int (P_{\mathrm{EQ}} - P_{\mathrm{DET}})\mathrm{d}t \Big/ \int P_{\mathrm{DET}}\mathrm{d}t \times 100\% \tag{2.35}$$

$$\mathrm{IE}_Q = \int (Q_{\mathrm{EQ}} - Q_{\mathrm{DET}})\mathrm{d}t \Big/ \int Q_{\mathrm{DET}}\mathrm{d}t \times 100\% \qquad (2.36)$$

式中，IE_P 和 IE_Q 分别为有功功率 P 和无功功率 Q 的积分误差，下标 EQ 和 DET 分别代表等值模型和详细模型的变量。然后计算不同工况下的 IE_P 和 IE_Q，如表 2.7 和表 2.8 所示。可以看出，K-means 方法的 IE_P 幅值平均比 DAP 方法高出 140.47%，最小幅值上升 49.52%（案例 2）。与 DAP 法相比，K-means 法的 IE_Q 幅值增加了 113.35%，最小幅值增加了 9.17%（案例 1）。

表 2.7   基于 DAP 法在不同算例的积分误差

运行工况		案例 1	案例 2	案例 3
辐照度 变动	IE_P	−0.286	2.450	−6.699
	IE_Q	4.196	6.786	11.592
负荷 变动	IE_P	−0.594	3.758	9.094
	IE_Q	−3.850	8.264	15.363
短路 故障	IE_P	0.861	−3.043	−7.815
	IE_Q	4.899	−6.133	11.947

表 2.8   基于 K-means 法在不同算例的积分误差

运行工况		案例 1	案例 2	案例 3
辐照度 变动	IE_P	0.815	−7.439	19.339
	IE_Q	7.735	21.140	−34.863
负荷 变动	IE_P	−2.095	10.626	13.771
	IE_Q	4.203	19.030	−43.139
短路 故障	IE_P	1.866	−4.550	−21.433
	IE_Q	−9.871	16.677	17.115

通过以上比较可以看出，K-means 方法首先需要设置聚类中心，不同的初始聚类中心会带来不同的聚类结果。如果随机给定一组聚类中心，可能会出现较大的误差。实际上，经常选择最频繁出现的聚类组合作为最终的聚类结果，但是仍然很难确定它是否是局部最优解。然而，如果遍历所有的初始集群中心，将带来巨大的计算负担。在这种情况下，如果选择 20 个光伏电站中的 3 个作为初始聚类中心站，则需要聚类 1140 组。DAP 方法不需要设置初始聚类中心，聚类结果是唯一的，大大减少了实际计算量，提高了结果的可靠性。此外，K-means 方法的聚类指标取决于逆变器的 PI 参数，这在实际应用中是不合适的。DAP 方法是以光伏电站重要点的测量得到的电量波形作为聚类指标，使 DAP 方法更加实用。

DAP 方法的性能优于 K-means 法，因此 K-means 法将不再用于后续的仿真比较。

为了根据聚类结果量化光伏集群动态参数的离散度(DD)，定义如下方程：

$$DD = \frac{1}{G}\sum_{i=1}^{G}\left(\frac{1}{T_i}\sum_{k=1}^{T_i}|X_k - A_i|^2\right) \tag{2.37}$$

式中，G 为聚类数；T_i 为第 i 组光伏电站个数；X_k 和 A_i 分别为第 i 组光伏电站和聚类中心站的动态参数。

值得注意的是，当应用储能元件的动态参数时，应考虑光伏电站的容量 S_{in}。换句话说，电感 L 和电容 C 需要转换为 $K_L=S_{in}L$ 和 $K_C=C/S_{in}$。经计算，三种情况下的动态参数 DD 分别为 DD(1)=21932、DD(2)=22106 和 DD(3)=22443。可以看出，在三种情况下，动态参数的分散度逐渐增大。

为了讨论聚类算法的局限性，图 2.19 分别显示了通过 DAP 方法和 K-means 方法获得的不同聚类数对应的 DBI 值。图中标记的黑色圆圈表示在这种情况下聚类的最佳数量。

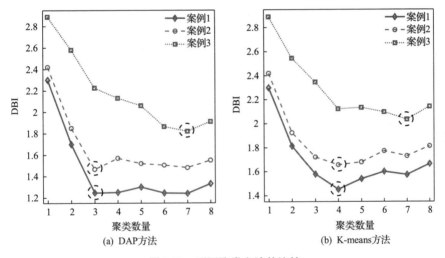

图 2.19　不同聚类方法的比较

根据上述实验，可以清楚地看到，尽管使用了聚类方法，但在固定的聚类数下，随着离散度 DD(案例 1~3)的增加，DBI 值显著增加，即聚类结果的簇内紧致度和簇间离散度减小。上述现象表明，对于聚类算法而言，离散度 DD 的增加会使聚类结果变差，而聚类算法本身并没有传递这种结果。由聚类结果得到的等值模型的误差可以进一步支持这一结论。

案例 3 的最优聚类数远大于其他两个案例。这意味着，当离散度 DD 增加时，最优聚类数可能太大。目前，如果在等值建模中使用较少的聚类数来降低模型的复杂度，将会导致较大的误差。

　　案例 1 和案例 2 的误差值表明，即使最佳聚类数相同，较大的聚类离散度 DD 也可能导致较大的误差。

　　2)PV-ECM 的建立

　　为了证明所提出的建模框架的优越性，对光伏集群使用了离散度最高的动态参数 DD。根据表 2.5 中案例 3 的聚类结果，用不同的颜色识别图 2.18(a) 和 (b) 中的不同组。PV 集群用 PV3、PV4 和 PV10 等值。以下内容主要从 PV-ECM 的角度探讨了该框架的建立。

　　为了训练和测试 PV-ECM，需要首先收集典型运行工况下的动态数据。为此，对光伏集群的详细模型和聚类模型进行 3 种工况的仿真。

　　(1)辐照度变化算例。将辐照度从 $(0.30+0.1k_1)\,\mathrm{kW/m^2}$ 变为 $(0.30+0.1k_2)\,\mathrm{kW/m^2}$，其中，$k_1$ 和 k_2 均为 $\{0,1,\cdots,17\}$，并且 $k_1 \neq k_2$。重复这些试验，总负荷为 $\{10\%,\cdots,100\%\}$。这个算例有 3060 组实验。

　　(2)负荷变化算例。将总负荷从 $10k_3\%$ 变为 $10k_4\%$，其中，k_3 和 k_4 均为 $\{1,\cdots,10\}$，并且 $k_3 \neq k_4$。在辐照度 $(0.30+0.05k_5)\,\mathrm{kW/m^2}$ 下重复这些实验，其中，$k_5=\{1,\cdots,34\}$。这个算例也有 3060 组实验。

　　(3)短路故障算例。在 PCC 处设置三相短路故障，在 $(60+k_6)\,\mathrm{ms}$ 后清除故障，其中，$k_6=\{7,14,\cdots,210\}$。在辐照度为 $(0.20k_7)\,\mathrm{kW/m^2}$ 或总负荷为 $10k_8\%$ 的条件下重复这些实验，其中 k_7 和 k_8 均为 $\{1,2,\cdots,10\}$。考虑到 3000 组短路实验，以上共进行了 9120 组实验。

　　然而，人为设计的实验不可避免地会引入主观因素，原始数据集中的样本分布并不相互独立，这会导致训练过程中的网络振荡和难以收敛。因此，数据集的顺序是无序的，随机抽取 30 个样本作为一个批次。此外，LSTM 网络中的非线性激活函数对样本数据的维数和振幅的差异非常敏感。为了避免神经元饱和，它将每个样本数据映射到–1 和 1 之间的实际值。

$$\begin{cases} p_c'(t)=p_c(t)/\max\{p_c\} \\ q_c'(t)=q_c(t)/\max\{q_c\} \\ E_p'(t)=E_p(t)/\max\{E_p\} \\ E_q'(t)=E_q(t)/\max\{E_q\} \end{cases} \tag{2.38}$$

　　从预处理样本数据中随机抽取 3000 组数据作为测试集，其余 6120 组作为训练集，测试集的比例为 32.89%。按照前述步骤，利用训练集对 PV-ECM 进行优化，学习率为 0.001，迭代次数为 20 万次。

　　另外，由于 LSTM 网络的隐藏层数和隐藏层状态对 ECM 的拟合效果影响较大，对网络进行了隐藏层数量从 1 到 6，隐藏层状态数分别为 {25,50,100,200,300,

400}的训练。如下表所示，记录不同结构网络的训练时间。从表 2.9 可以看出，随着隐藏层数量和隐藏状态的增加，训练时间也在增加，这是模型复杂度增加的副作用。

表 2.9　不同结构下 PV-ECM 的训练时间

训练时间/s	隐藏层数量					
	25	50	100	200	300	400
1 层	305.7	331.7	382.9	489.7	594.6	703.1
2 层	394.7	466.2	608.6	632.2	715.1	720.6
3 层	520.0	580.7	710.7	849.2	812.3	968.8
4 层	561.7	737.8	818.3	900.6	895.5	1043.5
5 层	814.2	871.0	925.0	954.4	1021.9	1067.2
6 层	830.5	905.8	959.1	1048.4	1060.0	1129.9

用均方根误差(RMSE)来评估经过训练的 ECM 网络在训练集和测试集上的拟合性能。

$$RMSE = \sqrt{\frac{1}{n}\sum_{i=1}^{n}[\hat{E}(i) - E(i)]^2} \tag{2.39}$$

式中，E 和 $\hat{E}$ 分别为 ECM 的输出及其相应的实际值；i 为时间步数；n 为时间步数的总数。图 2.20 显示了训练和测试集上具有不同网络结构的 PV-ECM 的 RMSE。

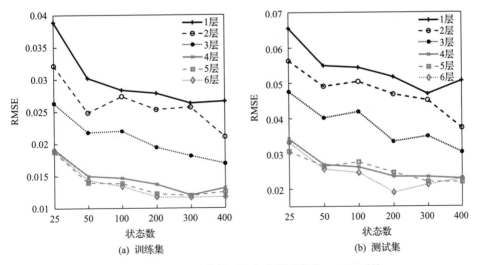

图 2.20　不同网络结构的训练集合测试集的 RMSE 对比

从图 2.20 可以看出，虽然测试集的 RMSE 大于训练集的 RMSE，但其值仍然很小。这说明 ECM 具有很强的泛化能力。另外，当隐藏层数固定，隐藏状态数增加到 50 时，拟合性能得到了很大的提高。但是如果这个数字继续增加，拟合性能没有明显提高。同样,当隐藏状态数固定且隐藏层数增加时,拟合性能更高,但当层数增加到 4 层以上时,拟合性能的增加速度也会减慢。

综合考虑拟合性能和训练时间成本,选择隐藏层数为 4、隐藏层状态数为 50 的 LSTM 网络作为目标光伏集群的 PV-ECM。

3)混合建模框架的仿真结果和性能对比

将上述最优 PV-ECM 与聚类模型相结合,建立目标光伏集群的混合建模框架。为了验证该框架的准确性,基于测试集,进行了 3 组不同运行工况的实验。将混合建模框架的结果与 DAP 聚类和详细模型的结果进行比较。

在辐照度变化实验中,辐照度在 0.3s 时由 1500W/m² 降至 1000W/m²,总负荷保持在 100%。通过将 ECM 的输出和聚类模型叠加,可以得到 PCC 的有功功率和无功功率,结果如图 2.21 所示。可以看出,当辐照度发生变化时,该方法可以跟踪详细模型的动态响应。相比之下,虽然聚类模型能够反映目标系统的动态行为,但其跟踪性能不如所提出的模型。

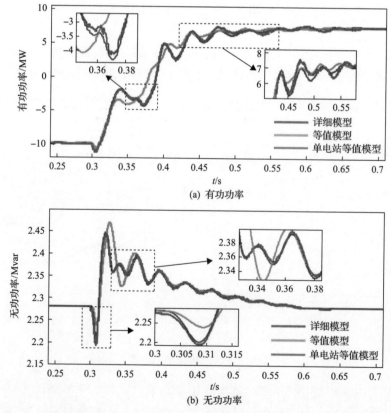

图 2.21 辐照度变动实验中详细模型、所提等值模型和单电站等值模型的响应

在负荷变动实验中，总负荷在 0.3s 时由 $(3715+j2300)kV\cdot A$ 降至 $(2675+j1300)kV\cdot A$，辐照度保持在 $1000W/m^2$，结果如图 2.22 所示。最后，在短路故障实验中，PCC 在 0.3s 发生三相短路故障，在 0.43s 消除，总负荷和辐照度分别保持在 100% 和 $1000W/m^2$，结果如图 2.23 所示。在上述两个实验中，与聚类模型相比，该框架也显示出了良好的跟踪性能。

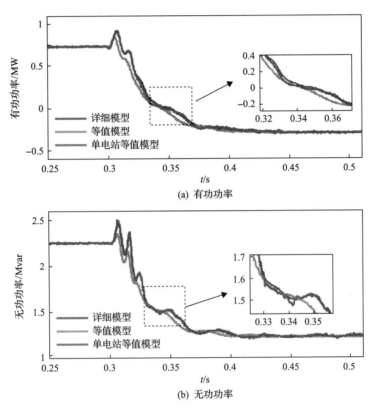

图 2.22　负荷变动实验中详细模型、所提等值模型和单电站等值模型的响应

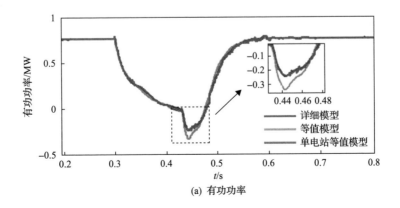

(a) 有功功率

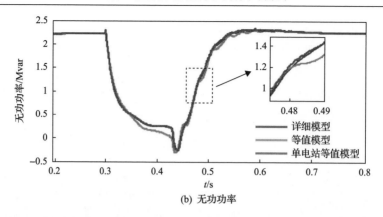

图 2.23　短路故障实验中详细模型、所提等值模型和单电站等值模型的响应

　　所提出的框架和聚类模型的积分误差见表 2.10。与聚类模型相比，这个框架提高了不同运行工况下的跟踪精度，其中有功功率和无功功率的精度分别提高了 7.46% 和 12.5%。

表 2.10　各种运行工况下不同模型的积分误差

运行工况	本书所提出的框架		聚类模型	
	IE_P	IE_Q	IE_P	IE_Q
辐照度变动	0.441	0.463	6.699	11.592
负荷变动	−0.526	−0.599	−9.094	−15.363
短路故障	0.275	−0.326	−7.815	−11.947

　　不同模型的仿真时间见表 2.11。根据该表，本书提出的框架的仿真时间比聚类模型略长。然而，与详细的模型相比，在每个运行工况下仿真时间仍很大程度上地减少了，平均时间减少 92.93%。

表 2.11　各运行工况下不同模型的仿真时间

运行工况	仿真时间/s		
	详细模型	本书所提出的框架	聚类模型
辐照度变动	794.1	61.7	50.6
负荷变动	775.3	58.9	48.4
短路故障	1562.0	91.2	79.2

　　综上，本节提出了一种高精度的光伏集群动态建模混合框架。这个框架将提高当前聚类模型的准确性。适用于高光伏穿透率配网的动态特性分析和相关控制策略的验证。首先，对聚类模型进行了分析，发现聚类算法的性能会降低其在应用中的泛化能力。然后，基于 DL 技术，提出了一种 DL 聚类混合建模框架，以消除

聚类模型与详细模型之间的误差。最后,利用 LSTM 网络在所提出的框架中建立了光伏误差修正系统 ECM,并给出了相应的优化训练方法。将所提出的混合建模方法应用于高渗透率光伏集群配电网。仿真结果表明,该方法提高了 PCC 动态特性的拟合精度,同时保留了模型复杂度低、聚类模型快速仿真的优点。此外,由于混合建模框架具有突出的功能,在对具体模型进行拟合后,可以很容易地扩展到光伏集群系统的实际建模中。

2.3　分布式发电集群电磁暂态模型及等值

哈密顿作用量为经典力学中的概念,表达了动力学系统的能量转化关系。最小哈密顿作用量原理与状态方程等价,可表征所有状态变量的变化趋势。基于以上特征,在电力系统中,哈密顿作用量已被用来预测电力系统中发电机功角的变化,并监测失稳现象。并且哈密顿建模已应用于电力电子变流设备的非线性控制器设计[40]。本节通过对电系统和机械系统的物理量进行类比,将哈密顿力学的概念和定理应用于三相变流器系统中,建立了电力电子变流设备的哈密顿模型[41,42]。

2.3.1　电力电子变流设备的哈密顿建模方法

以典型的三相并网逆变器为例,逆变器的同调性基于其动态特性的相似程度。而哈密顿原理能够全面揭示系统中的动态过程,所以将哈密顿原理应用于逆变器的模型建立能较好地使其适用于逆变器的同调性判断。逆变器的结构及控制如图 2.24 所示。

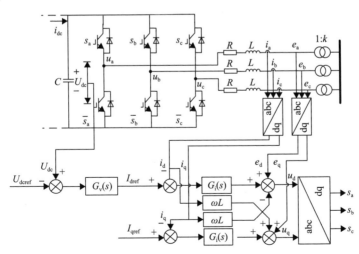

图 2.24　三相逆变器结构及控制框图

图 2.24 中 C 为直流侧滤波电容;L 为滤波电感;R 电抗内阻;e_a、e_b、e_c 为三

相电网电压；e_d、e_q 为 dq 旋转坐标轴下的电网电压；i_a、i_b、i_c 为三相并网电流；i_d、i_q 为 dq 旋转坐标轴下的并网电流；I_{dref}、I_{qref} 为 dq 旋转坐标轴下的参考并网电流；U_{dc} 为直流侧电压；U_{dcref} 为直流侧参考电压；i_{dc} 为并网逆变器直流侧的输入电流；$s_k(k=a,b,c)$ 为双极性调制二值逻辑开关函数，如下式所示。

$$s_k = \begin{cases} 1, & \text{上桥臂导通，下桥臂关断} \\ 0, & \text{下桥臂导通，上桥臂关断} \end{cases} \quad k=\text{a,b,c} \quad (2.40)$$

三相并网逆变器最常用的控制方式为电压矢量定向控制(voltage orientation control，VOC)。电压矢量定向控制包括外环直压控制和内环电流控制。本章直压环和电流环控制器均考虑传统的 PI 控制，因此电压控制器 $G_v(s)$ 和电流控制器 $G_i(s)$ 的传递函数如下。

$$\begin{cases} G_v(s) = k_{pv} + k_{iv}/s \\ G_i(s) = k_{pi} + k_{ii}/s \end{cases} \quad (2.41)$$

将哈密顿力学的概念和定理应用于三相逆变器系统中，为选取用于判别并网逆变器同调的物理量提供依据。根据电系统和机械系统各自的基本物理方程，可得电系统和机械系统的物理量对应关系[43]，如表 2.12 所示。

表 2.12　电系统和机械系统的物理量对应关系

哈密顿力学概念	机械系统物理量	电系统物理量
广义坐标	位移 x(角位移 θ)	电荷 q
广义速度	速度 v(角速度 ω)	电流 i
广义力	力 F(转矩 T)	电动势 e
惯性元件	质量 m(转动惯量 T_j)	电感 L
弹性元件	刚性系数 K_s(扭转刚性系数 K_θ)	电容的导数 $1/C$
阻尼元件	阻力系数 μ_v(旋转阻力系数 ω_v)	电阻 R
动能	$mv^2/2$	磁场能
势能	$kex^2/2$	电场能

哈密顿作用量 S 为拉格朗日能量函数 L_a 对时间的积分，即

$$S = \int L_a \mathrm{d}t \quad (2.42)$$

式中，拉格朗日能量函数 L_a 为系统动能 T 与势能 V 之差，即

$$L_a = T - V \quad (2.43)$$

根据机械系统的动能和势能分别对应电系统的磁场能和电场能。逆变器中的

磁场能和电场能分别为

$$\begin{cases} T = L(\dot{q}_{La}^2 + \dot{q}_{Lb}^2 + \dot{q}_{Lc}^2)/2 \\ V = CU_{dc}^2/2 = q_C^2/2C \end{cases} \tag{2.44}$$

式中，q_{La}、q_{Lb} 和 q_{Lc} 分别为交流测电感上流过的三相电荷量，其导数分别为三相并网电流 i_a、i_b、i_c；q_C 为直流侧电容上的电荷量。由于电系统的广义坐标为储能元件上流过的电荷量，所以选取电荷量表达磁场能和电场能，以便利用哈密顿力学理论进行分析。

三相逆变器系统中存在能量输入输出及能量耗散，使三相逆变器系统与外界有能量交换，所以三相逆变器系统为非保守系统，其满足的最小作用量方程[44]为

$$\delta S = -\int_0^\tau \sum Q_j \delta q_j \mathrm{d}t \tag{2.45}$$

式中，q_j 为广义坐标，在逆变器系统中广义坐标为 q_{La}、q_{Lb}、q_{Lc} 和 q_C；Q_j 为非保守力在广义坐标 q_j 上的投影。非保守力指做功与路径有关的力，非保守力做的功使系统中的储能元件与外部系统发生能量交换。

结合式 (2.44)、式 (2.45)，并分析图 2.24 所示电路结构，可得三相逆变器系统的最小作用量方程为

$$\delta \int_0^\tau [L(\dot{q}_{La}^2 + \dot{q}_{Lb}^2 + \dot{q}_{Lc}^2)/2 - q_C^2/2C]\mathrm{d}t = \\ -\int_0^\tau [-\sum_{k=a,b,c}(e_k + R\dot{q}_{Lk})\delta q_{Lk} + U_{dc}\delta q_{dc}]\mathrm{d}t \tag{2.46}$$

式中，q_{dc} 为直流侧输入电流 i_{dc} 的积分。

根据基尔霍夫电流定律，式 (2.46) 可被表示为

$$\delta \int_0^\tau [L(\dot{q}_{La}^2 + \dot{q}_{Lb}^2 + \dot{q}_{Lc}^2)/2 - q_C^2/2C]\mathrm{d}t \\ = -\int_0^\tau \left[-\sum_{k=a,b,c}(e_k + R\dot{q}_{Lk} - U_{dc}s_k)\delta q_{Lk} + U_{dc}\delta q_C \right]\mathrm{d}t \tag{2.47}$$

由变分运算法则可将式 (2.47) 变换为逆变器微分方程形式的数学模型：

$$\begin{bmatrix} \ddot{q}_{La} \\ \ddot{q}_{Lb} \\ \ddot{q}_{Lc} \\ q_C \end{bmatrix} = -\begin{bmatrix} \dot{q}_{La} \\ \dot{q}_{Lb} \\ \dot{q}_{Lc} \\ 0 \end{bmatrix}\frac{R}{L} + \begin{bmatrix} s_a/2L \\ s_b/2L \\ s_c/2L \\ C \end{bmatrix}U_{dc} - \begin{bmatrix} e_a \\ e_b \\ e_c \\ 0 \end{bmatrix}\frac{1}{L} \tag{2.48}$$

由此，在三相逆变器中验证了最小作用量原理与微分方程形式数学模型的等价性。哈密顿作用量表示逆变器的电能与磁能转化量的累积，且其满足的最小作用量方程表达了逆变器所有状态变量的变化趋势。因此，考虑利用最小作用量原理寻求可判断逆变器同调的物理量。

2.3.2 电力电子变流设备的广义哈密顿作用量

三相逆变器为非保守系统，而哈密顿作用量 S 仅表示系统内储能元件之间电能与磁能的转化关系，无法体现三相逆变器系统与外部的能量交换，且不能完备地体现所有状态变量的变化趋势，因此定义广义哈密顿作用量 $\hat{S}$ 以综合考虑系统内部的能量交换及系统与外部的能量交换，使其满足的最小作用量方程形式与保守系统相同，即

$$\delta\hat{S}=0 \tag{2.49}$$

所定义的 $\hat{S}$ 满足式(2.45)且与式(2.46)等价，则广义哈密顿作用量 $\hat{S}$ 可表征系统受扰后所有状态变量的变化趋势。下文通过变换式的形式求解广义哈密顿作用量的表达式。

在相曲线已知的情况下，即 $q_j(t)$ 和 $\dot{q}_j(t)$ 已知，非保守力的表达式可通过变量代换 $\dot{q}_j(t)=\dot{q}_j(q_j)$ 转化为仅包含位置信息的形式[45]。在此基础上，依据变分运算法则，可得

$$\int_0^\tau \sum Q_j \delta q_j \mathrm{d}t = \int_0^\tau \sum \delta\left(\int Q_j dq_j\right)\mathrm{d}t \tag{2.50}$$

综合上述可知，非保守力系统的最小作用量方程可表达为

$$\delta\left[S+\int_0^\tau \sum\left(\int Q_j dq_j\right)\mathrm{d}t\right]=0 \tag{2.51}$$

非保守系统的哈密顿正规方程为

$$\begin{cases} \dot{\boldsymbol{p}}=-\partial H/\partial\boldsymbol{q}+\boldsymbol{Q} \\ \dot{\boldsymbol{q}}=\partial H/\partial\boldsymbol{p} \end{cases} \tag{2.52}$$

式中，$H=\sum\limits_{j=1}^{N}p_j\,\dot{q}_j-L_a$ 为哈密顿函数；$\boldsymbol{q}=[q_1,q_2,\cdots,q_N]^{\mathrm{T}}$；$\boldsymbol{Q}=[Q_1,Q_2,\cdots,Q_N]^{\mathrm{T}}$；$\boldsymbol{p}=[p_1,p_2,\cdots,p_N]^{\mathrm{T}}$。

将拉格朗日函数 $\hat{L}_a$ 及哈密顿函数线性化，可得其表达式为

$$\hat{L}_a=\mathrm{d}\hat{S}/\mathrm{d}t \tag{2.53}$$

$$\hat{H}=\sum_{j=1}^{N} p_j \dot{q}_j - \hat{L}_a \tag{2.54}$$

通过正则变换联立可得非保守系统哈密顿正规变换方程:

$$\begin{cases} \dot{\boldsymbol{p}} = -\partial \hat{H} / \partial \boldsymbol{q} \\ \dot{\boldsymbol{q}} = \partial \hat{H} / \partial \boldsymbol{p} \end{cases} \tag{2.55}$$

从而可以推导出 $\hat{H}$ 的表达式如下:

$$\hat{H} = H - \sum_{j=1}^{N} \int_{\gamma} Q_j(q_1, q_2, \ldots, q_N, \dot{q}_1, \dot{q}_2, \ldots, \dot{q}_N) \mathrm{d}q_j + \text{const} \tag{2.56}$$

式中, 路径积分 $\int_{\gamma} Q_j(q_1, q_2, \ldots, q_N, \dot{q}_1, \dot{q}_2, \ldots, \dot{q}_N) \mathrm{d}q_j$ 为非保守力沿相轨迹曲线完成的。通过使用相轨迹并且细分时域, 在式 (2.56) 中可以用 q_j 代替 $\dot{q}_j$ $(j=1,2,\cdots,N)$。

上述工作仅涉及坐标的位置, 因此可以对应于一种势能。这种能量被定义为广义势能, 并且它由 U 表示以区别于传统势能 V, 其仅与物理位置相关。非保守力做功和广义势能之间的关系为

$$\int_{\gamma} Q_j \mathrm{d}q_j = \int_{q_{j0}}^{q_{j\tau}} Q_j(q_j) \mathrm{d}q_j = -[U_j(q_{j\tau}) - U_j(q_{j0})] \tag{2.57}$$

将 (2.56) 中的常数取为 $\sum_{j=1}^{N} U_j(q_{j0})$, 并将式 (2.56) 与式 (2.57) 组合, 可以得到 $\hat{H}$ 的表达式如下:

$$\hat{H} = H + \sum_{j=1}^{N} U(q_{j\tau}) \tag{2.58}$$

从式 (2.53) 和式 (2.54) 得到 $\hat{S}$:

$$\hat{S} = \int \hat{L}_a \mathrm{d}t = \int \left(\sum_{j=1}^{N} p_j \dot{q}_j - \hat{H} \right) \mathrm{d}t \tag{2.59}$$

将式 (2.58) 代入式 (2.59), 可得广义哈密顿作用量表达式为

$$\hat{S} = S + \int_0^{\tau} \sum \left(\int Q_j dq_j \right) \mathrm{d}t = \int (T - V - U) \mathrm{d}t \tag{2.60}$$

式中, $U = -\sum \left(\int Q_j \mathrm{d}q_j \right)$ 定义为广义势能, 对应各类非保守力做功的大小之和。

在并网逆变器系统中，非保守力包括直流侧输入电压、电阻两端电压和交流侧电网电压。因此，并网逆变器系统中的广义势能有 3 类，分别对应直流侧输入逆变器的能量、电阻上耗散的能量和交流侧逆变器输出的能量，且分别用 U_1、U_2、U_3 表示，其具体表达式为

$$\begin{cases} U_1 = -\int U_{dc} \left(\dot{q}_C + \sum_{k=a,b,c} s_k \dot{q}_{Lk} \Big/ 2 \right) \mathrm{d}t \\[2mm] U_2 = \int R \sum_{k=a,b,c} \dot{q}_{Lk}^2 \mathrm{d}t \\[2mm] U_3 = \int \sum_{k=a,b,c} e_k \dot{q}_{Lk} \mathrm{d}t \end{cases} \tag{2.61}$$

将式(2.53)、式(2.60)代入式(2.61)，可得逆变器系统的广义哈密顿作用量为

$$\begin{aligned} d\hat{S} = \hat{L}_a &= \left(L/2 \sum_{k=a,b,c} \dot{q}_{Lk}^2 \right) - q_C^2 / 2C - \int \left(R \sum_{k=a,b,c} \dot{q}_{Lk}^2 \right) \mathrm{d}t \\ &+ \int \left[U_{dc} \left(\dot{q}_C + \sum_{k=a,b,c} s_k \dot{q}_{Lk} / 2 \right) - \sum_{k=a,b,c} e_k \dot{q}_{Lk} \right] \mathrm{d}t \end{aligned} \tag{2.62}$$

2.3.3 基于广义哈密顿作用量的通用同调判据

广义哈密顿作用量可以表征所有状态变量的变化，本节在此基础上推导基于广义哈密顿作用量的同调判据的具体形式。

两台逆变器的所有状态变量分别对应成比例是其同调的条件。通过分析状态方程及式(2.62)所示逆变器广义哈密顿作用量表达式可知，若两台逆变器的所有独立状态变量的实际值变化成比例，则两台逆变器的广义哈密顿作用量的微分成比例。反之，若已知两台逆变器的广义哈密顿作用量的微分成比例，即相等时间间隔下，广义哈密顿作用量的变化量 $\Delta\hat{S}$ 成比例，则两台逆变器的状态变量分别成比例。证明如下。

相等时间间隔下，两台并网逆变器的广义哈密顿作用量的变化量 $\Delta\hat{S}$ 成比例，具体表示如下：

$$\Delta\hat{S}_1 / \Delta\hat{S}_2 = \hat{L}_{a1} / \hat{L}_{a2} = E_1 / E_2 = K \tag{2.63}$$

式中，下标 1、2 表示逆变器编号；E 为电能、磁能和广义势能的总和；K 为常数，且广义哈密顿作用量的变化量为

$$\Delta\hat{S} = \hat{S} - \hat{S}_0 \tag{2.64}$$

式中，$\hat{S}$ 为 t 时刻的广义哈密顿作用量，$\hat{S}_0$ 为扰动初始时刻的广义哈密顿作用量。由式 (2.60) 中广义哈密顿作用量的定义及能量守恒，可将式 (2.63) 转化为

$$\begin{cases} T_1 / T_2 = K \\ (V_1 + U_1) / (V_2 + U_2) = K \end{cases} \tag{2.65}$$

根据式 (2.44) 中磁能的表达式，可将式 (2.65) 中第一式变换为

$$\sum_{k=a,b,c} \dot{q}_{Lk1}^2 \bigg/ \sum_{k=a,b,c} \dot{q}_{Lk2}^2 = KL_2 / L_1 \tag{2.66}$$

可见，如果变量 $x_1, x_2, \cdots, x_n$ 相互独立，且满足

$$\begin{cases} \displaystyle\sum_{i=1}^n a_i x_{i1} \bigg/ \sum_{i=1}^n b_i x_{i2} = \lambda \\ x_{11} / x_{12} = \lambda b_1 / a_1 \end{cases} \tag{2.67}$$

式中，a_i、$b_i (i=1,2,\cdots,n)$ 和 λ 为常系数，则有

$$x_{i1} / x_{i2} = \lambda b_i / a_i \tag{2.68}$$

因此，根据式 (2.53)、式 (2.66) 可知，如果两个系统的 $\Delta\hat{S}$ 成比例变化，则两台并网逆变器的状态变量及其他电路参数均满足一定比例关系，结果如表 2.13 所示。

表 2.13　两台逆变器的状态变量及电路参数比例关系

物理量	比例关系
$e_k (k=a, b, c)$, U_{dc}	$e_{k1}/e_{k2}=U_{dc1}/U_{dc2}=(KK_L)1/2$
R, L, C	$R_1/R_2=L_1/L_2=C_2/C_1=k_L$
q_C, q_k	$q_{C1}/q_{C2}=q_{k1}/q_{k2}=(K/k_L)1/2$

综上所述，两台逆变器的 $\Delta\hat{S}$ 成比例变化是其所有独立状态变量成比例的充要条件。因此，同逆变器的调判据可以描述如下：如果两个逆变器的广义哈密顿作用量的变化率是一个恒定值，那么在扰动后的一段时间内，则这两个逆变器被认为具有同调性，即具有相似的动态特征。

由上述可得逆变器的同调性可表示为

$$\Delta\hat{S}_1(t) / \Delta\hat{S}_2(t) = K \tag{2.69}$$

在仿真计算时间 $[0,\tau]$ 内，若两个系统的广义哈密顿作用量变化量之比恒为某一常数 K，则两台逆变器严格同调。工程应用中，可将条件略微松弛，即

$$\max_{t\in[0,\tau]} | \Delta \hat{S}_i(t) / \Delta \hat{S}_j(t) - K | \leqslant \gamma \tag{2.70}$$

式中，γ 为允许误差范围；τ 为同调判别过程的离线仿真时间，由等值系统的暂态过程持续时间决定。VOC 控制的并网逆变器动态响应快，一般在 0.2～0.5s 可恢复稳态，所以在逆变器的同调判别中，τ 一般取 0.2～0.5s。

1. 简化判据

前述推导出的同调判据的表达式非常复杂，在实际应用过程中需要大量的计算，所以在本节中将推导出更为实用的简化判据。

1) 三相对称扰动

前述已证明，对于 $\Delta\hat{S}$ 成比例的两台逆变器，根据能量守恒可得其磁能也成相同比例。

在三相对称扰动下，三相电流对称，则有

$$i_a^2 + i_b^2 + i_c^2 = 3i_m^2 / 2 \tag{2.71}$$

式中，i_m 为三相电流的幅值。

将式(2.69)代入式(2.66)，可得

$$I_{m1} / I_{m2} = \sqrt{K / k_L} \tag{2.72}$$

由表 2.13 可知，对于广义哈密顿作用量成比例的两台逆变器，有 $R_1/L_1=R_2/L_2$，则两台逆变器的并网电流相位相同。再结合式(2.72)可得其并网电流瞬时值满足式(2.73)。

$$\dot{q}_{k1} / \dot{q}_{k2} = \sqrt{K / k_L}, \quad k=\text{a, b, c} \tag{2.73}$$

2) 三相不对称扰动

在三相不对称扰动下，若控制三相电流对称，结论如(2.73)所示。若控制输出有功功率或无功功率恒定，则三相电流不对称[46]。在此情况下，根据对称分量法，式(2.66)可变换为

$$\sum_{k=a,b,c} (i_{kP1} + i_{kN1})^2 / \sum_{k=a,b,c} (i_{kP2} + i_{kN2})^2 = K / k_L \tag{2.74}$$

式中，i_{kP}、i_{kN} 分别为 k 相电流的正序分量与负序分量，k=a, b, c。该式可以被写为

$$\left[1.5I_{Pm1}^2 + 1.5I_{Nm1}^2 + \sum_{k=a,b,c} (2i_{kP1}i_{kN1}) \right] \Big/ \left[1.5I_{Pm2}^2 + 1.5I_{Nm2}^2 + \sum_{k=a,b,c} (2i_{kP2}i_{kN2}) \right] = K / k_L$$

$$\tag{2.75}$$

式中，I_{kPm}、I_{kNm}分别为k相正序和负序并网电流的幅值。

由于正序和负序分量独立，展开后式(2.75)等价于

$$\begin{cases} I_{kPm1}/I_{kPm2} = \sqrt{K/k_L} \\ I_{kNm1}/I_{kNm2} = \sqrt{K/k_L} \\ \sum_{k=a,b,c}(i_{kP1}^2 \cdot i_{kN1}^2) \Big/ \sum_{k=a,b,c}(i_{kP2}^2 \cdot i_{kN2}^2) = K/k_L \end{cases} \tag{2.76}$$

从式(2.76)的第三式可知$\varphi_{kP1}=\varphi_{kP2}$，且$\varphi_{kN1}=\varphi_{kN2}$，其中$\varphi_{kP}$和$\varphi_{kN}$分别是正电流和负电流的相位。两个逆变器的线电流的相量图如图 2.25 所示。因此，式(2.76)意味着三相线电流的相位角对于两个逆变器而言是相同的，并且可以解释为，若两台逆变器的正序和负序电流相位对应相等，则两台逆变器的三相电流的相位也对应相等。因此由式(2.72)可得，两台逆变器的并网电流瞬时值成比例，即

$$i_{k1}/i_{k2} = \sqrt{K/k_L} = k_I \tag{2.77}$$

式中，i_k为k相并网电流瞬时值；k_I为两台逆变器的并网电流瞬时值之比，且$k_I=\sqrt{K/k_L}$。

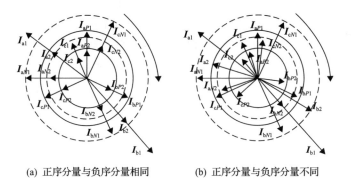

(a) 正序分量与负序分量相同   (b) 正序分量与负序分量不同

图 2.25 两个逆变器的三相线电流的相量图

综合式(2.63)和式(2.77)可知，广义哈密顿作用量的变化成比例与并网电流成比例无条件等价，因此，基于广义哈密顿作用量的逆变器同调判据可以简化为基于并网电流的判据。

简化判据为，在仿真计算时间$[0,\tau]$内，若两台逆变器的并网电流瞬时值之比恒为某一常数k，则两台逆变器可判定为同调。在工程应用上，允许有小值误差，用不等式表达为

$$\max_{t\in[0,\tau]}|i_{k1}(t)/i_{k2}(t)-k_I| \leqslant \varepsilon \tag{2.78}$$

或

$$\sqrt{\int_0^\tau (i_{di}/k_I - i_{dj})^2 \mathrm{d}t / \tau} \leqslant \beta \qquad (2.79)$$

式中，β 为允许误差范围，且 $\beta = \sqrt{\gamma / k_L}$。

影响逆变器动态性能的电路结构及其控制参数都可以在广义哈密顿作用量中体现，基于哈密顿作用量的同调判据可以反映电路结构及其控制参数对逆变器同调性的影响。因此，只要使用基于哈密顿作用量的同调判据，尽管参数不同，该判据获得的同调分群效果仍然是准确的，并且基于同调判据分群结果的聚合模型可以具有准确的动态性能。

在传统电网的同调机组判别中，根据功角摇摆曲线判断两台机组是否同调，具体为：在仿真时间$[0,\tau]$，若两台机的相对转子角偏差在任一时刻都不大于一个给定的标准 ε，则判断这两台机关于 τ 时间区段为同调[47,48]，即

$$\max_{t\in[0,\tau]} |\Delta\delta_i(t) - \Delta\delta_j(t)| \leqslant \varepsilon \qquad (2.80)$$

在判断发电机同调时，一般取 τ 为 1～3s，ε 为 5°～10°。

当忽略励磁系统和原动机、调速器的动态及电磁损耗、机械损耗时，可用经典 2 阶模型描述发电机的动态。取发电机转子的机械角度 θ 为广义坐标建立其哈密顿模型，即可表征考虑转子动态的发电机系统能量转化关系及状态变量运动轨迹。发电机势能 $V=0$，原动机功率 P_T 和发电机输出电磁功率 P_e 对时间的积分分别对应发电机的两类广义势能。由此可得，发电机的广义拉格朗日能量函数为

$$\hat{L}_a = T - U = \frac{1}{2}J\dot{\theta}^2 + \int_0^t (P_T - P_e)\mathrm{d}\tau \qquad (2.81)$$

设故障时刻为初始时刻，该时刻发电机转子的动能为 T_0，T_0 为常数。由于故障前发电机转子匀速转动，非保守力做功之和为 0，所以初始时刻广义势能 $U_0=0$，则系统的总能量为 T_0。由能量守恒定理可知 $T+U=E=T_0$，则有

$$\hat{L}_a = T - (T_0 - T) = 2T - T_0 \qquad (2.82)$$

式中，T 为 t 时刻发电机转子的动能，是时间的函数。

结合基于广义哈密顿作用量的同调判据及式(2.46)可得

$$\begin{cases} T_1/T_2 = T_{01}/T_{02} \\ \dot{\theta}_1/\dot{\theta}_2 = \dot{\theta}_{01}/\dot{\theta}_{02} \end{cases} \qquad (2.83)$$

式中，$\dot{\theta}_{01}$、$\dot{\theta}_{02}$ 分别为故障时刻两台机组的机械角速度。

故障前发电机转子均以额定电角速度转动，则故障后的电角速度之比为 1，即相等时间内，功角变化量满足

$$\Delta \delta_1 = \Delta \delta_2 \qquad (2.84)$$

将式(2.84)的条件松弛即可得式(2.80)，说明了作用量同调判据与功角同调判据的相容性。由此可见，广义哈密顿作用量作为可以表征非保守力系统所有状态变量变化趋势的物理量，不仅可用于判别电力电子并网装备的同调，也可用于判别发电机的同调。基于广义哈密顿作用量的同调判别方法可作为通用方法，用于不同类型发电并网装备的同调等值建模中。

2. 通用同调判别方法

电力电子变流设备的输入输出有功无功功率、储能元件储存能量的变化和耗散功率决定了其动态特性[49]。哈密顿力学正是从能量转化的角度表征系统各状态变量的变化，不仅适用于机械系统，如发电机转子，也适用于电系统，如发电机电磁部分和电力电子变流器。因此，基于哈密顿作用量的同调判据普遍适用于各类电力电子变流设备的同调判别。

各类电力电子变流设备的同调判据都可由式(2.70)表示，并可通过能量守恒约束，将基于广义哈密顿作用量的同调判据简化为基于系统某个物理量的判据。针对不同类型的电力电子变流设备，由于其能量类型不同，所得的简化判据形式各异。由此，对同调判据推导方法的步骤进行总结。

(1)系统的哈密顿建模：分析系统的动能、势能及广义势能，得到广义哈密顿作用量。

(2)判据简化：依据能量守恒约束，将两个系统的广义哈密顿作用量比例关系简化为动能或势能的比例关系。

(3)实用化判据建立：通过(1)所得的各能量形式的表达式，将动能或势能的比例关系简化为系统的某一具体物理量的比例关系。

本节对两电平逆变器同调判据的推导为上述方法的具体案例，对于 LCL 型变流器或模块化多电平变流器等其他结构的电力电子变流器，所提同调判别方法均适用，只需对特定结构的变流器进行哈密顿建模并进行判据简化即可。

2.3.4　算例分析

本节以图 2.26 所示的三相两电平变流器为例验证所提同调等值判据的可行性。为了模拟变流器中多个独立状态变量的变化，即并网电流和直流电压的波动，直流侧输入为恒定功率而非恒定电压。本节仿真以直流侧接直驱永磁同步发电机

为例验证同调判据的可行性。由于逆变器的动态响应快，在判断逆变器同调时可将风速视为不变。7 台逆变器直流侧所接风力机的输入风速为 13m/s，风机转速为1.6rad/s。

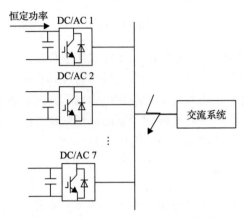

图 2.26　7 台逆变器并联示意图

1. 多电力电子变流设备模型描述

本节在 MATLAB/Simulink 中以 7 台并网逆变器为例建立其同调等值模型，7 台并网逆变器的示意图如图 2.26 所示(参数如表 2.14 所示)。由于电力系统短路故障是常见且影响较大的扰动，本节设定交流网侧的三相接地故障和单相接地故障作为外部扰动验证等值模型的有效性。短路故障发生在仿真时间的 0.1s，清除于 0.2s。Crowbar 电路[50]在故障发生后启动，防止直流母线上电容过压。三相不对称故障时，对逆变器进行正、负序双电流内环独立控制。

表 2.14　7 台并网逆变器的详细模型参数

编号	S_B/MW	L/mH	C/10^3μF	R/Ω	K_{pi}	K_{ii}	K_{pv}	K_{iv}
1	6	0.2	60	0.3	330	17	400	900
2	6	0.2	80	0.3	500	40	500	800
3	6	0.2	80	0.3	600	55	200	1600
4	6	0.3	80	0.3	900	83	210	1560
5	6	0.3	80	0.3	750	60	490	795
6	6	0.3	80	0.3	900	83	210	1560
7	2	0.6	20	1	1000	50	130	300

2. 电力电子变流设备的同调判别

与正常状态下的逆变器能量形式相比，Crowbar 电路启动后并网逆变器系统的广义势能增加了一项 Crowbar 耗散电阻的能量消耗，磁场能和电场能均与正常状态下相同。因此，利用能量守恒仍可将基于广义哈密顿作用量的同调判据简化为基于并网电流的判据。在该仿真算例中，无论在故障状态还是正常运行状态均可以用式 (2.77) 所示判据进行并网逆变器的同调判别。

为进一步量化逆变器的同调性或差异性，本节基于并网电流定义逆变器的差异度 $d_i(i,j)$ 如下：

$$d_i(i,j) = \sqrt{\int_{t_0}^{t_0+\tau}(i_{di}/k_I - i_{dj})^2 \mathrm{d}t/\tau} \tag{2.85}$$

式中，t_0 为扰动起始时间。

根据式 (2.85) 计算可得，7 台并联逆变器两两之间的差异度，结果如表 2.15 所示，表中第 i 行第 j 列的元素表示编号为 i 和 j 的逆变器之间的差异度。表中第 i 行第 j 列的元素与第 j 行第 i 列的元素相等，因此，表中省略左下角元素的信息。若取 ε 为 0.15，根据表 2.15 可知应将 7 台逆变器分为 3 个群，具体分群结果如表 2.16 所示。

表 2.15　7 台逆变器之间的差异度

	1	2	3	4	5	6	7
1	0	0.678	0.569	0.565	0.706	0.565	0.079
2	—	0	0.517	0.518	0.119	0.518	0.723
3	—	—	0	0.071	0.481	0.071	0.610
4	—	—	—	0	0.474	0.008	0.608
5	—	—	—	—	0	0.474	0.752
6	—	—	—	—	—	0	0.608
7	—	—	—	—	—	—	0

表 2.16　同调判别结果

同调群编号	并网逆变器编号
A	1,7
B	2,5
C	3,4,6

3. 多电力电子变流设备参数聚合

根据表 2.16 的同调判别结果将其分为三个群，同调等值模型的示意图如图 2.27 (a) 所示。

结构参数等值聚合过程可以看作电路中各元件的并联等效。

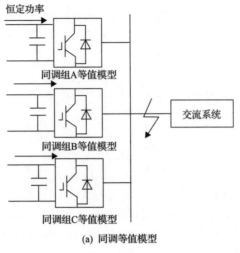

(a) 同调等值模型

(b) 不考虑同调的单机等值模型

图 2.27　等值模型示意图

$$\begin{cases} L_{eq} = L_1 // L_2 // \cdots // L_7 \\ R_{eq} = R_1 // R_2 // \cdots // R_7 \\ C_{eq} = C_1 // C_2 // \cdots // C_7 \end{cases} \tag{2.86}$$

式中，L_{eq}、R_{eq}、C_{eq} 分别为等值滤波电感、等值电阻和等值直流侧电容。

　　直流侧电压的波动由输入输出功率决定，因此电压环控制参数的聚合利用并网逆变器的功率平衡方程进行计算，功率平衡方程为

$$CU_{dc} \frac{\mathrm{d}U_{dc}}{\mathrm{d}t} = P_1 - 1.5(e_d i_d + e_q i_q) \tag{2.87}$$

式中，P_1 为直流侧输入功率。

　　由于电流环控制响应的时间尺度相较于电压环控制相应的时间尺度快，因此在聚合电压环控制参数时忽略电流环的动态，认为实际电流值可迅速跟踪电流指令。当聚合电压环控制参数时，忽略电流环的动态，则式(2.87)所示的功率平衡方程可改写为

$$CU_{dc}\frac{dU_{dc}}{dt} = P_1 - 1.5\{e_d[K_{pv}(U_{dc} - U_{dcref}) + K_{iv}\int_0^t (U_{dc} - U_{dcref})dt] + e_q I_{qref}\} \quad (2.88)$$

详细模型中 7 台逆变器和等值模型的功率平衡方程均满足式(2.88)，通过叠加详细模型中 7 台逆变器的功率平衡方程，并利用等值模型与详细模型并网点电压相等的约束可得等值电压环参数 K_{pveq} 和 K_{iveq} 计算公式为

$$\begin{cases} k_{pveq} = \sum_{j=1}^{7} k_{pvj} \\ k_{iveq} = \sum_{j=1}^{7} k_{ivj} \end{cases} \quad (2.89)$$

电流环为线性控制环节，因此可利用频域最小二乘法对聚合传递函数进行最小二乘拟合，以得到等值电流环控制参数。7 台逆变器的聚合传递函数为

$$\varphi_{ieq}(s) = \sum_{j=1}^{7} c_j \varphi_{ij}(s) \bigg/ \sum_{j=1}^{7} c_j \quad (2.90)$$

式中，$\varphi_{ij}(s)$ 为第 j 台逆变器的电流环传递函数；c_j 为第 j 台逆变器的电流权重系数。

通过对计算所得的聚合传递函数进行频域上的最小二乘法拟合，以辨识出等值模型的电流环控制参数 K_{pieq} 和 K_{iieq}。由式(2.86)、式(2.87)可得图 2.27(a)中 A、B 和 C 的等值模型参数如表 2.17 所示。

表 2.17　7 台并网逆变器的同调等值模型参数

	S_B /MW	L/mH	C/$10^3\mu$F	R/Ω	K_{pi}	K_{ii}	K_{pv}	K_{iv}
A	8	0.15	80	0.231	247.5	12.75	530	1200
B	12	0.12	160	0.3	300	24	990	1595
C	18	0.0857	240	0.1	257.1	24.287	620	4720

除建立基于同调判别的聚合模型之外，本节建立了不考虑同调的单机等值模型，不加区分地将 7 台并网逆变器等值为 1 台，如图 2.27(b)所示。将不考虑同调的单机等值模型的动态特性作为对照组与同调等值模型进行比较，以说明判断同调的必要性及该同调判据的有效性。同理计算单机等值模型的参数，结果如表 2.18 所示。

表 2.18　7 台并网逆变器不考虑同调的等值模型参数

S_B/MW	L/mH	C/$10^3\mu$F	R/Ω	K_{pi}	K_{ii}	K_{pv}	K_{iv}
38	0.0375	480	0.0476	58.16	2.91	2140	7515

4. 三相对称故障

对图 2.26 所示等值模型进行仿真, 同样在仿真时间 0.1s 设置故障, 0.2s 清除故障, 比较详细模型和等值模型在故障扰动下的动态特性以判断等值方法的有效性。

在三相对称短路故障下, 由 Crowbar 电路泄放逆变器直流母线上的多余能量, 并对逆变器进行限流控制, 暂不考虑故障下无功功率输出。对详细模型和等值模型进行仿真后得到其有功功率波形如图 2.28 所示。计算等值模型和详细模型动态过程中有功功率的平均误差, 结果如表 2.19 所示。由图 2.28 及表 2.19 可知, 详细模型和等值模型的有功功率不仅在变化趋势上一致, 在较短时间剖面上也能较好地吻合, 而单机等值模型与详细模型的有功功率的动态特性有较大误差。由此说明, 本节提出的同调等值判据全面考虑了各个系统多时间尺度控制对动态过程的影响, 基于该判据进行分群聚合, 能达到保留详细模型动态过程细节, 同时又减小模型规模、降低系统阶数的目的。

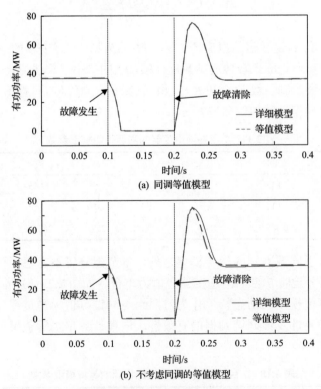

图 2.28　三相对称故障下详细模型和等值模型的有功功率

表 2.19　三相对称故障下等值模型的平均误差

模型	同调等值模型	不考虑同调的等值模型
有功功率的平均误差/%	0.66	22.39

5. 三相不对称扰动

电力系统各类不对称短路故障下的逆变器低电压穿越控制策略相同，本章以单相接地故障为例验证同调等值方法在不对称扰动下的适用性。

三相不对称故障下若控制三相电流对称，情况同三相对称故障(三相故障电流对称)。因此，本节分析单相短路故障下控制逆变器输出有功功率恒定的情况，控制无功功率恒定的情况与之类似，不作重复讨论。当不对称故障下控制逆变器输出有功功率恒定时，无功功率会出现 2 倍频波动。

详细模型和等值模型的有功功率和无功功率的波形如图 2.29、图 2.30 所示。计算等值模型和详细模型动态过程中有功和无功功率的平均误差，结果如表 2.20 所示。

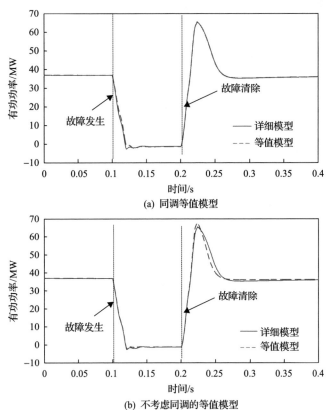

(a) 同调等值模型

(b) 不考虑同调的等值模型

图 2.29　单相故障下详细模型和等值模型的有功功率

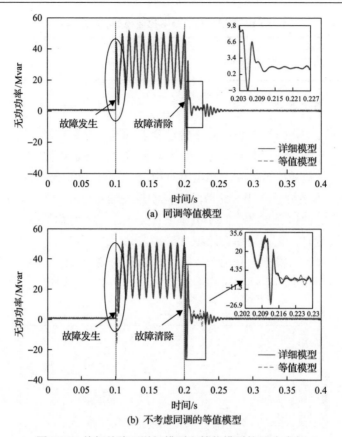

图 2.30　单相故障下详细模型和等值模型的无功功率

表 2.20　单相故障下等值模型的平均误差

模型	同调等值模型	不考虑同调的等值模型
有功功率平均误差/%	1.31	15.06
无功功率平均误差/%	1.29	27.07

由图 2.29、图 2.30 可见，基于本章所提出的同调判据所建立的等值模型可以有效地模拟详细模型在受三相不对称扰动下的外特性，且等值模型与详细模型的有功功率和无功功率平均误差分别为 1.31%和 1.29%，进一步说明了该等值模型保留了原有详细模型的动态特征。与不考虑变流器同调性的等值模型相比，本章所提出的模型准确性大大提高。

参 考 文 献

[1] 李乃永, 梁军, 赵义术. 并网光伏电站的动态建模与稳定性研究[J]. 中国电机工程学报, 2011, 31(10): 12-18.

[2] Jung J H, Ryu M H, Kim J H, et al. Power hardware-in-the-loop simulation of single crystalline photovoltaic panel using real-time simulation techniques[C]. Proceedings of The International Power Electronics and Motion Control Conference, Harbin: 2012: 1418-1422.

[3] 侯玉强, 李威. 大规模光伏接纳对电网安全稳定的影响及相关制约因素分析[J]. 电网与清洁能源, 2013, 29(4): 73-77, 84

[4] 王兆麟. 光伏发电系统建模及其应用研究[D]. 锦州: 辽宁工业大学, 2016.

[5] 张曦, 康重庆, 张宁, 等. 太阳能光伏发电的中长期随机特性分析[J]. 电力系统自动化, 2014, 38(6): 6-13.

[6] 詹敏青, 尹柳, 杨民京. 基于 PSASP 的光伏发电系统建模及其并网对微电网电压质量的影响[J]. 陕西电力, 2014, 42(02): 16-22.

[7] 张利. 光伏电池特性研究[D]. 北京: 华北电力大学, 2008.

[8] 禹华军, 潘俊民. 光伏电池输出特性与最大功率跟踪的仿真分析[J]. 计算机仿真, 2005, 22(6): 248-252.

[9] 师楠, 周苏荃, 李一丹, 等. 基于 Bezier 函数的光伏电池建模[J]. 电网技术, 2015, 39(8): 2195-2200.

[10] Omar M, Dolara A, Magistrati G, et al. Day-ahead forecasting for photovoltaic power using artificial neural networks ensembles[C]. IEEE International Conference on Renewable Energy Research and Applications (ICRERA), Birmingham, 2016: 1152-1157.

[11] Akhmatov V, Knudsen H. An aggregate model of a grid-connected, large-scale, offshore wind farm for power stability investigations-importance of windmill mechanical system[J]. International Journal of Electrical Power & Energy Systems, 2002, 24(9): 709-717.

[12] Fernández L M, Saenz J R, Jurado F. Dynamic models of wind farms with fixed speed wind turbines[J]. Renewable Energy, 2006, 31(8): 1203-1230.

[13] Pavlovskyi V, Lukianenko L, Zakharov A. Software poly-models of solar photovoltaic plants for different types of system studies[C]. IEEE International Conference on Intelligent Energy and Power Systems (IEPS), Kiev, 2014: 163-167.

[14] Soni S, Karady G, Morjaria M, et al. Comparison of full and reduced scale solar PV plant models in multi-machine power systems[C]. IEEE PES T&D Conference and Exposition, Chicago, 2014: 1-5.

[15] Remón D, Cantarellas A, Mohamed A, et al. Equivalent model of a synchronous PV power plant[C]. IEEE Energy Conversion Congress and Exposition (ECCE), Montreal, 2015: 47-53.

[16] Chai Y, Zheng J, Shu L, et al. Equivalent modeling of large-scale photovoltaic power plant[J]. Applied Mechanics and Materials, 2013, 448-453: 1419-1422.

[17] Ma Z, Zheng J, Zhu S, et al. Online clustering modeling of large-scale photovoltaic power plants[C]. IEEE Power & Energy Society General Meeting, Denver, 2015: 1-5.

[18] Remon R D, Cantarellas A, Rodriquez P. Equivalent model of large-scale synchronous photovoltaic power plants[J]. IEEE Transactions on Industry Applications, 2016, 52(6): 5029-5040.

[19] González R, Gubía E, López J, et al. Transformerless single-phase multilevel-based photovoltaic inverter[J]. IEEE Transactions on Industrial Electronics, 2008, 55(7): 2694-2702.

[20] Shimizu T, Hashimoto O, Kimura G. A novel high-performance utility-interactive photovoltaic inverter system[J]. IEEE transactions on power electronics, 2003, 18(2): 704-711.

[21] Crăciun O, Florescu A, Bacha S, et al. Hardware-in-the-loop testing of PV control systems using RT-Lab simulator[C]. Power Electronics and Motion Control Conference (EPE/PEMC), Ohrid, 2010: S2-1-S2-6.

[22] Alajmi B N, Ahmed K H, Finney S J, et al. Fuzzy-logic-control approach of a modified hill-climbing method for maximum power point in microgrid standalone photovoltaic system[J]. IEEE Transactions on Power Electronics, 2011, 26(4): 1022-1030.

[23] Adhikari S, Li F. Coordinated Vf and PQ control of solar photovoltaic generators with MPPT and battery storage in microgrids[J]. IEEE Transactions on Smart Grid, 2014, 5(3): 1270-1281.

[24] Georgakis D, Papathanassiou S, Hatziargyriou N, et al. Operation of a prototype microgrid system based on micro-sources quipped with fast-acting power electronics interfaces[C]. IEEE Annual Power Electronics Specialists Conference, Aachen, 2004, 4: 2521-2526.

[25] 盛万兴, 等. 可再生能源发电集群技术与实践[M]. 北京: 科学出版社, 2020: 132-162.

[26] Tan Y T, Kirschen D S, Jenkins N. A model of PV generation suitable for stability analysis[J]. IEEE Transactions on Energy Conversion, 2004, 19(4): 748-755.

[27] Salam Z, Ishaque K, Taheri H. An improved two-diode photovoltaic(PV) model for PV system[C]. Joint International Conference on Power Electronics, Drives and Energy Systems, New Delhi, 2010: 1-5.

[28] Firth S K, Lomas K J, Rees S J. A simple model of PV system performance and its use in fault detection[J]. Solar Energy, 2010, 84(4): 624-635.

[29] Zeng Q, Chang L. Study of advanced current control strategies for three-phase grid-connected PWM inverters for distributed generation[C]. IEEE Conference on Control Applications, Toronto, 2005: 1311-1316.

[30] Zeng Q, Chang L, Song P. SVPWM-based current controller with grid harmonic compensation for three-phase grid-connected VSI[C]. IEEE 35th Annual Power Electronics Specialists Conference, Aachen, 2004: 2494-2500.

[31] Prodanovic M, Green T C. Control and filter design of three-phase inverters for high power quality grid connection[J]. IEEE Transactions on Power Electronics, 2003, 18(1): 373-380.

[32] Svensson J, Lindgren M. Vector current controlled grid connected voltage source converter-influence of nonlinearities on the performance[C]. IEEE Power Electronics Specialists Conference, Fukuoka, 1998: 31-537.

[33] Ho N M, Cheung S P, Chung S H. Constant-frequency hysteresis current control of grid-connected VSI without bandwidth control[J]. IEEE Transactions on Power Electronics, 2009, 24 (11): 2484-2495.

[34] Zheng W Z, Bu J, Zhang N G, et al. Dynamic Clustering Equivalence of Wind Farms Considering Impacts of Collection Lines[C]. International Conference on Circuits, System and Simulation(ICCSS), Guangzhou, China: IEEE, 2018: 56-61.

[35] 晁璞璞, 李卫星, 齐金玲, 等. 基于有功响应的双馈型风电场动态等值方法[J]. 中国电机工程学报, 2018, 38(06): 1639-1646, 1900.

[36] 王建仁, 马鑫, 段刚龙. 改进的K-means聚类k值选择算法[J]. 计算机工程与应用, 2019, 55(08): 27-33.

[37] Fang R M, Wu M L. Dynamic equivalence of wind farm considering operational condition of wind turbines[C]. Proceeding of 2016 IEEE Region 10 Conference(TENCON), Singapore: IEEE, 2016: 827-830.

[38] Zue A O, Chandra A. Simulation and stability analysis of a 100kW grid connected LCL photovoltaic inverter for industry[C]. IEEE Power Engineering Society General Meeting, Montreal, June, 2006: 1-6.

[39] Li P, Gu W, Wang L, et al. Dynamic equivalent modeling of two-staged photovoltaic power station clusters based on dynamic affinity propagation clustering algorithm[J]. International Journal of Electrical Power & Energy Systems, 2018, 95(8): 463-475.

[40] Li P, Gu W, Long H, et al. High Precision Dynamic Modeling of Two-staged Photovoltaic Power Station Clusters[J]. IEEE Transactions on Power Systems, 2019, 34(6): 4393-4407.

[41] 廖书寒, 查晓明, 黄萌, 等. 适用于电力电子化电力系统的同调等值判据[J]. 中国电机工程学报, 2018, 38(9): 2589-2599.

[42] Zha X, Liao S, Huang M, et al. Dynamic aggregation modeling of grid-connected inverters using hamilton's-action-based coherent equivalence[J]. IEEE Transactions on Industrial Electronics,2019,66(8):6437-6448.

[43] Guo Y, Chen H, Chen W, et al. Modeling method for power electronic system based on Hamilton principle of analytical mechanics[C]. IEEE 6th International Power Electronics and Motion Control Conference, Wuhan, 2009: 988-992.

[44] 沈惠川, 李书民. 经典力学[M]. 合肥: 中国科学技术大学出版社, 2006: 221-226.

[45] 骆天舒. 耗散动力学系统的广义哈密顿形式及其应用[D]. 杭州: 浙江大学, 2011.

[46] Alepuz S, Busquets-Monge S, Bordonau J, et al. Control strategies based on symmetrical components for grid-connected converters under voltage dips[J]. IEEE Transactions on Industrial Electronics, 2009, 56(6): 2162-2173.

[47] Podmore R. Identification of coherent generators for dynamic equivalents[J]. IEEE Transactions on Power Apparatus and Systems, 1978, 79(4): 1344-1354.

[48] 李承昱, 许建中, 赵成勇, 等. 基于虚拟同步发电机控制的 VSC 类同调等值方法[J]. 电工技术学报, 2016, 31(13): 111-119.

[49] 袁小明, 程时杰, 胡家兵. 电力电子化电力系统多尺度电压功角动态稳定问题[J]. 中国电机工程学报, 2016, 36(19): 5145-5154.

[50] Lopez J, Gubia E, Olea E, et al. Ride through of wind turbines with doubly fed induction generator under symmetrical voltage dips[J]. IEEE Transactions on Industrial Electronics, 2009, 56(10): 4246-4254.

第3章 配电网动态全过程数字仿真技术

3.1 引　　言

传统电力系统的动态过程按照不同的时间尺度可以划分为电磁暂态过程、机电暂态过程及中长期动态过程[1]，不同的暂态过程分别采用不同的模型和算法进行独立的仿真分析。对于传统电力系统，其多时间尺度特征主要来自于不同类型同步发电机及其控制器(调速器、励磁器、电力系统稳定器等)、异步电机、静态无功补偿装置、自动发电控制等元件动态特性的差异，其动态特性时间常数的范围通常为几百微秒至几十秒[1-3]。传统配电网的组成元件与动态特性较为单一，通常作为静态负荷考虑。然而，近年来伴随着高密度分布式电源通过电力电子装置的接入，传统配电系统从无源单一网络转化成为多集群复杂有源网络。和传统电力系统相似，有源配电网的动态特性也呈现出明显的多时间尺度特征，并且，电力电子装置的快动态特性及各类分布式电源动态特性的差异导致有源配电网的多时间尺度特征更加显著[4,5]。

有源配电网的动态过程与传统电力系统具有一定的相似性，同样可按照时间尺度进行划分，但由于二者的构成差异很大，具体的划分方式会有所不同。一方面，对于有源配电网动态全过程仿真而言，"机电暂态"的概念已不适用，因为配电网中存在大量电力电子换流装置，机电暂态特性已不明显；另一方面，配电网的仿真规模相对于常规大电网而言仍然很小，从仿真算法和仿真速度等角度考虑，已经没有必要将除电磁暂态以外的动态过程再进一步按时间尺度细分。因此，有源配电网的时域仿真按照不同的时间尺度划分为两类：①电磁暂态仿真；②中长期动态仿真。配电网中不同设备的时间常数差异和时间尺度划分如图3.1所示。

配电网动态过程是一个连续的过程，是不可以截然分开的，因为配电网电磁暂态过程对后续慢动态过程有影响，而慢动态过程对后续新的电磁暂态过程也会有作用，两者之间密不可分。因此，利用配电网动态全过程仿真技术对全面描述配电网受到扰动/故障或连锁故障后整个连续的动态全过程具有十分重要的意义。本章将介绍配电网电磁暂态仿真和中长期动态仿真的相关技术，以及动态-电磁联合仿真的接口方法，最后将给出仿真系统程序架构设计，如图3.2所示。

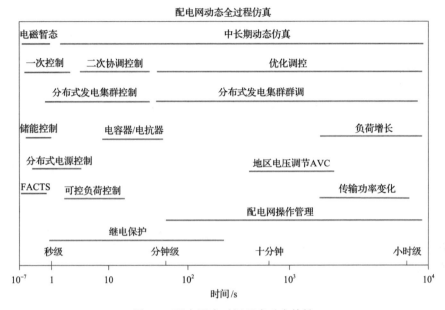

图 3.1　配电网多时间尺度动态特性

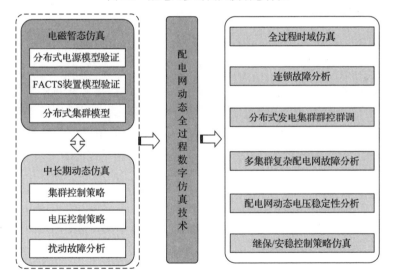

图 3.2　配电网动态全过程仿真的意义

3.2　配电网动态全过程数值仿真方法

　　配电网的电磁暂态过程指系统中变化速度"较快"的动态过程,中长期动态过程则指系统中变化速度"较慢"的动态过程,这里的"较快"和"较慢"是相对的,一般以工频为界加以区别[6]。具体来说,电磁暂态过程指电力系统各元件中电场和磁场及相应的电压和电流的变化过程,需要考虑元件的电磁耦合、输电线路分布参数所引起的波过程、电力电子开关过程等。中长期动态过程则指忽略上述快速电磁变化过程的后续动态变化过程,包括发电机电磁转矩变化、控制设备动态变化等[7]。

在元件建模上,电磁暂态仿真一般对线路、变压器等建立含微分方程的动态模型,而中长期动态过程则将线路、变压器等元件用它们的等值阻抗来描述。由于仿真研究暂态过程、元件建模的不同,电磁暂态仿真和中长期动态仿真在数值求解算法上也有很大不同:电磁暂态仿真研究的是谐波、过电压等电压、电流相关问题,因此对电流、电压的求解是逐步求出时域解波形的方式,也就是瞬时值计算;而中长期动态过程对电压、电流仅考虑其基频的变化过程,从而可以将电压、电流用基频相量来表示,即有效值计算[8]。下面对二者的数值求解算法做具体介绍。

3.2.1　电磁暂态仿真

1. 仿真基本方法

配电网的电磁暂态仿真的数学模型包含两部分:电气模型和控制模型。电气模型指具备电气物理特性、通过电路拓扑连接的模型,包括线路、变压器、电机、电力电子装置主电路等动态元件,以及描述这些元件连接关系的节点电压和支路电流关系方程,前者一般包括微分方程和代数方程,后者则为代数方程。控制系统模型描述的是输入输出信号的逻辑关系,一般用来对电气设备进行控制,包括分布式电源的控制系统模型、电力电子变换装置的控制系统模型及其他控制设备。控制系统模型通常也由微分方程和代数方程组成[6]。表示各模型的方程相互关系如图 3.3 所示。

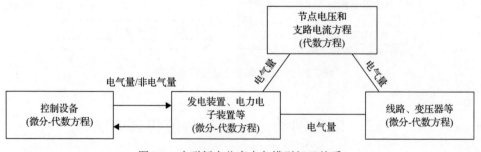

图 3.3　电磁暂态仿真中各模型相互关系

配电网电磁暂态仿真微分-代数方程如下：

$$\begin{cases} \dfrac{\mathrm{d}\boldsymbol{x}}{\mathrm{d}t} = f(\boldsymbol{x}, \boldsymbol{y}) \\ g(\boldsymbol{x}, \boldsymbol{y}) = 0 \end{cases} \tag{3.1}$$

式中，f 为系统微分方程；g 为系统代数方程；$\boldsymbol{x}$ 为微分方程组中描述系统动态特性的状态变量；$\boldsymbol{y}$ 为方程组中的代数量。

上述微分方程和代数方程的各变量之间相互耦合，从而需要对微分-代数方程组进行求解。电磁暂态仿真计算复杂度较高，通常不采用迭代求解方式，大多采用直接解法，即建立一个大规模的用于直接求解的方程组。其本质可归结为时域方程的建立和求解，主要包括建立系统对应的时域模型和数值求解算法两部分。电磁暂态仿真求解算法可以分为两大类：节点分析法和状态空间分析法[6]。

（1）节点分析法。首先采用数值积分方法对系统中的微分方程进行离散化处理形成模型对应的差分方程，再根据电路的拓扑结构形成原电路代数方程，联立上述方程形成代数方程组，得到式(3.2)所示网络方程，其中，$\boldsymbol{U}$ 表示电压向量，$\boldsymbol{I}$ 表示电流相量，$\boldsymbol{Y}$ 表示导纳矩阵。该方程具有线性方程组 $\boldsymbol{Ax} = \boldsymbol{b}$ 的形式，且导纳矩阵 $\boldsymbol{Y}$ 为稀疏矩阵，可以应用各种成熟的线性稀疏矩阵算法进行求解。相关求解方法在文献[8]中已有较完整的叙述，本书不再赘述。

$$\boldsymbol{I} = \boldsymbol{YU} \tag{3.2}$$

（2）状态空间分析法。直接将微分-代数方程描述的元件级模型与原电路代数方程联立，并用标准形式的状态方程表示，形成微分代数方程组，如式(3.3)所示，再利用成熟的求解状态方程的数值计算方法进行求解。这些数值计算方法中也涉及对微分方程的差分化处理。

$$\begin{aligned} \boldsymbol{x} &= \boldsymbol{Ax} + \boldsymbol{Bu} \\ \boldsymbol{y} &= \boldsymbol{Cx} + \boldsymbol{Du} \end{aligned} \tag{3.3}$$

总体而言，状态空间分析法具有较高的求解精度，但方程中状态变量关系受电路拓扑影响，在确定状态变量个数时需考虑元件间可能存在的隐含依赖关系，在大型系统中仿真速度受限。该方法对于未确定规模或规模较大的系统实现难度较大，通用性亟待进一步提高。

对于节点分析法，其计算精度略低于状态空间分析法，方程基于电路中各元件离散化模型建立，形成难度较低，但对积分算法精度、稳定性等性能要求较高。节点分析法是 EMTP 仿真的常用方法，通用性很高，在任意规模的系统中均适用，建模分析难度不受网络规模增加而提高[6]。基于节点分析法的电磁暂态仿真流程图如图 3.4 所示。

2. 考虑延时的电磁暂态仿真修正建模技术

电磁暂态仿真模型复杂度高，为保证精度，计算步长往往设置得非常低，严重制约计算的速度[9]。近年来，柔性直流输电、分布式发电等技术迅猛发展，含有大量电力电子开关的电气装置在电网中所占的比例越来越大，这些装置高频的开关动作、复杂的控制策略及庞大的拓扑结构严重制约了电磁暂态仿真效率的提升，传统详细模型的仿真效率已难以应对如今研究的需要[10]。改善电力系统电磁暂态仿真模型能有效改善仿真的计算速度和收敛效果，将显著地提高大规模电磁暂态仿真的计算效率。

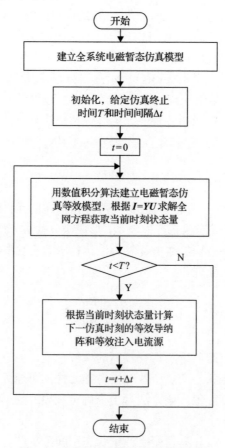

图 3.4　配电网电磁暂态仿真流程框图

在配电网中存在着一类输出特性是非线性代数方程的元器件，如光伏阵列、风机等。此类非线性元件的一般表示形式为：

$$y = f(x) \tag{3.4}$$

式中，f 为此类元器件的非线性代数方程；x 为方程组中描述系统动态特性的状态变量；y 为代数方程组中系统的运行参量，如元器件注入电流等。

电磁暂态仿真常采用节点分析法进行求解，即形成大规模代数方程组直接求解而非迭代求解，故含不易化简整理的非线性部分的模型方程无法直接应用于仿真求解。商业化电磁暂态仿真软件 PSCAD 在处理此类模型时，选择使用前一时刻的历史状态量替代等式非线性部分求解所需的当前时刻状态量，模型的表示形式如下：

$$y \approx f(x_{t-\Delta t}) \tag{3.5}$$

式中，$x_{t-\Delta t}$ 为前一时刻的系统状态量和运行参量。

考虑电磁暂态仿真对仿真精度要求较高，而 PSCAD 的处理方法引入了延时误差，相当于在前一时刻使用零阶泰勒公式展开，在环境条件突变时误差较大无法忽略。考虑高阶泰勒公式的误差阶数小于低阶公式，选择一阶泰勒公式展开处理原模型方程，可得

$$\begin{aligned} y = f(x) &= f(x - x_{t-\Delta t} + x_{t-\Delta t}) = f(x_{t-\Delta t}) + f'(\xi)(x - x_{t-\Delta t}) \\ &\approx f(x_{t-\Delta t}) + f'(x_{t-\Delta t})(x - x_{t-\Delta t}) \end{aligned} \tag{3.6}$$

对此类元件的模型按这种思路进行优化，结合其模型特性进行改进，能够加快电磁暂态仿真在仿真初期的收敛性能，更快地达到稳定运行状态，显著提高配电网电磁暂态仿真的精度和效率[11,12]。

以光伏发电系统的电磁暂态仿真模型中的光伏阵列模块为例，如图 3.5 所示，对此类模型改进方法进行说明。在常用的商业化仿真软件，如 PSCAD、Simulink 中，对光伏阵列的建模都选择前一时刻的历史状态量。其使用的光伏阵列特性如下：

$$I = N_p I_{ph} - N_p I_s \left[e^{\frac{q}{AkT}\left(\frac{U_{t-\Delta t}}{N_s} + \frac{I_{t-\Delta t}R_s}{N_p}\right)} - 1 \right] - \frac{N_p}{R_{sh}}\left(\frac{U}{N_s} + \frac{IR_s}{N_p}\right) \tag{3.7}$$

式中，I 为光伏阵列输出电流；U 为光伏阵列输出电压；I_{ph} 为光生电流；I_s 为二极管反向饱和电流；q 为电子电荷，值为 1.6×10^{-19}C；A 为二极管理想因子；k 为玻尔兹曼常量，值为 1.381×10^{-23}J/K；N_s 为串联光伏电池数；N_p 为并联光伏电池数；R_s 为串联等效电阻；R_{sh} 为并联等效电阻。

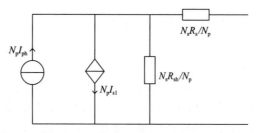

图 3.5　光伏阵列等效电路模型

考虑到电力系统暂态仿真的滞后性，将其改写为如下用于电磁暂态仿真的光伏阵列等效模型[13]：

$$
\begin{aligned}
I &= N_{\mathrm{p}}I_{\mathrm{ph}} - N_{\mathrm{p}}I_{\mathrm{s}}\left[\mathrm{e}^{\frac{q}{AkT}\left(\frac{U_{t-\Delta t}}{N_{\mathrm{s}}} + \frac{I_{t-\Delta t}R_{\mathrm{s}}}{N_{\mathrm{p}}} \right)} - 1 \right] - \frac{N_{\mathrm{p}}}{R_{\mathrm{sh}}}\left(\frac{U}{N_{\mathrm{s}}} + \frac{IR_{\mathrm{s}}}{N_{\mathrm{p}}} \right) \\
&\approx N_{\mathrm{p}}I_{\mathrm{ph}} + N_{\mathrm{p}}I_{\mathrm{s}} - \frac{N_{\mathrm{p}}}{R_{\mathrm{sh}}}\left(\frac{U}{N_{\mathrm{s}}} + \frac{IR_{\mathrm{s}}}{N_{\mathrm{p}}} \right) - N_{\mathrm{p}}I_{\mathrm{s}}\left[\mathrm{e}^{\frac{qE_{t-\Delta t}}{AkTN_{\mathrm{s}}}} + \frac{q}{AkTN_{\mathrm{s}}}\mathrm{e}^{\frac{qE_{t-\Delta t}}{AkTN_{\mathrm{s}}}}(E - E_{t-\Delta t}) \right]
\end{aligned}
\tag{3.8}
$$

式中，$E = U + \dfrac{N_{\mathrm{s}}}{N_{\mathrm{p}}}IR_{\mathrm{s}}$。

将上述方程改写为如下 $I = YU$ 的形式：

$$
\begin{aligned}
I &= \frac{N_{\mathrm{p}}I_{\mathrm{ph}} + N_{\mathrm{p}}I_{\mathrm{s}} - N_{\mathrm{p}}I_{\mathrm{s}}\mathrm{e}^{\frac{qE_{t-\Delta t}}{AkTN_{\mathrm{s}}}} + N_{\mathrm{p}}I_{\mathrm{s}}\dfrac{qE_{t-\Delta t}}{AkTN_{\mathrm{s}}}\mathrm{e}^{\frac{qE_{t-\Delta t}}{AkTN_{\mathrm{s}}}}}{1 + \dfrac{R_{\mathrm{s}}}{R_{\mathrm{sh}}} + \dfrac{q}{AkT}\mathrm{e}^{\frac{qE_{t-\Delta t}}{AkTN_{\mathrm{s}}}}I_{\mathrm{s}}R_{\mathrm{s}}} \\
&\quad - \frac{\dfrac{1}{R_{\mathrm{sh}}} + \dfrac{q}{AkT}I_{\mathrm{s}}\mathrm{e}^{\frac{qE_{t-\Delta t}}{AkTN_{\mathrm{s}}}}}{1 + \dfrac{R_{\mathrm{s}}}{R_{\mathrm{sh}}} + \dfrac{q}{AkT}\mathrm{e}^{\frac{qE_{t-\Delta t}}{AkTN_{\mathrm{s}}}}I_{s}R_{s}}\frac{N_{\mathrm{p}}}{N_{\mathrm{s}}}U \\
&= I_{\mathrm{inj}} - G_{\mathrm{eq}}U
\end{aligned}
\tag{3.9}
$$

该改进建模方法精度上优于传统商业化仿真软件的处理方法，同时并未增加额外的计算量。此外该模型降低了对前一时刻状态量的依赖性，理论上在仿真运行初期能更快地收敛到平衡状态，并且在外界环境突变时能更快地收敛至突变后的状态，一定程度上减少了仿真计算不收敛的可能性。

3.2.2　中长期动态仿真

配电网中长期动态仿真的数学模型同样包含电气模型和控制模型两部分，与电磁暂态仿真不同之处在于，不考虑网络元件的动态过程，用恒定的基频阻抗描述网络，忽略电力电子器件的开关过程。在此条件下，配电网的中长期仿真数学模型可分为由微分方程和代数方程组成的发电元件模型、控制模型，以及仅由代数方程组成的网络模型，方程的相互关系如图 3.6 所示。

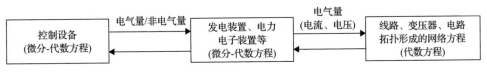

图 3.6　中长期动态仿真中各模型关系

配电网动态全过程可用下面两组方程式来描述：

$$\begin{cases} \dfrac{\mathrm{d}X}{\mathrm{d}t} = F(\boldsymbol{x}, \boldsymbol{y}, t) \\ 0 = G(\boldsymbol{x}, \boldsymbol{y}, t) \end{cases} \tag{3.10}$$

式中，$F(\boldsymbol{x}, \boldsymbol{y}, t)$ 特指描述系统动态元件的方程；$G(\boldsymbol{x}, \boldsymbol{y}, t)$ 特指描述网络的方程；$\boldsymbol{x}$ 为微分方程组中描述系统动态元件的状态变量向量；$\boldsymbol{y}$ 为网络代数方程组中系统的运行参量，包括电压、电流。

可以看出，式(3.10)具有与式(3.1)相同的形式，因而，适用于电磁暂态仿真分析的求解方法也同样适用于中长期动态仿真，也就是微分方程和代数方程联立求解的方式。由图 3.6 可以看出，中长期动态仿真中的网络方程是代数方程，且网络方程与元件方程仅通过电流、电压交互。动态元件对网络的影响，仅通过注入电流来体现。并且，注入电流仅与动态元件本身的状态变量和网络节点的电压有关，与其他动态元件无关，即不同动态元件间是解耦的。从而，元件的微分-代数方程与网络的代数方程可以通过交替迭代求解的方式进行[11]。

目前，配电网动态仿真的数值求解方法通常采用两种不同的方法，一种为微分方程和代数方程联立求解，另一种为微分方程和代数方程交替求解。联立求解方法是将微分方程化为代数方程的形式，然后连同网络方程在同一个循环内求解，直到迭代收敛。交替求解方法是在每一个积分步交替进行着微分方程和代数方程的求解，为了能够求出微分方程中状态量的值，必须事先计算出系统的运行状态，然后再由计算得出的状态量代回到网络方程中重新计算系统的运行状态，来回迭代直到计算结果满足精度要求。可以看出，交替求解方法会引入交接误差，而联立求解则不存在交接误差，在数值稳定性上比交替求解更高[3]。但是，交替求解方法中，由于元件模型与网络可以通过接口计算，仿真程序结构较为简单，而联立求解方法中，元件模型与网络模型形成大矩阵，编程上较为困难，间断点的处理也较为麻烦。

联立求解的方法在 3.2.1 节中已有相关叙述。下面将基于隐式梯形积分法，详细介绍微分方程和代数方程交替求解的关系式和计算步骤[14]。

交替求解法中，只对微分方程组应用数值积分方法，从而独立求解出式(3.10)中的 x，再单独求解网络代数方程得到 y。显然，积分方程和代数方程的求解方法可以相互独立。一般情况下，x 和 y 的求解按某种方式交替进行。在交替求解法中，微分方程组用显示法和隐式法求解也有所不同。利用隐式梯形积分法求解微分方程组时，在已知 t 时刻的量 $x_{(t)}$ 和 $y_{(t)}$，求 $t+\Delta t$ 时刻的量 $x_{(t+\Delta t)}$ 和 $y_{(t+\Delta t)}$ 的计算工作为求如下方程的联立解：

$$x_{(t+\Delta t)} = x_{(t)} + \frac{\Delta t}{2}\left[F(x_{(t+\Delta t)}, y_{(t+\Delta t)}) + F(x_{(t)}, y_{(t)}) \right] \tag{3.11}$$

$$0 = G(x_{(t+\Delta t)}, y_{(t+\Delta t)}) \tag{3.12}$$

对此，非线性方程组的交替迭代求解步骤如下。

(1)解微分方程，给定 $y_{(t+\Delta t)}$ 的初始估计值 $y_{(t+\Delta t)}^{[0]}$，应用式(3.12)得到 $x_{(t+\Delta t)}$ 的估计值 $x_{(t+\Delta t)}^{[0]}$，即求解方程

$$x_{(t+\Delta t)}^{[0]} = x_{(t)} + \frac{\Delta t}{2}\left[F(x_{(t+\Delta t)}^{[0]}, y_{(t+\Delta t)}^{[0]}) + F(x_{(t)}, y_{(t)}) \right] \tag{3.13}$$

收敛判据为 $\left| x_{(t+\Delta t)}^{[1]} - x_{(t+\Delta t)}^{[0]} \right| \leqslant \varepsilon$ 。

(2)求注入电流，公式如下：

$$I_{(t+\Delta t)}^{[0]} = I(X_{(t+\Delta t)}^{[0]}, U_{(t+\Delta t)}^{[0]}) \tag{3.14}$$

式中，X 为动态元件的状态变量；U 为动态元件母线电压。动态元件对网络的影响，最终仅影响注入电流。该电流仅与动态元件本身的状态变量和网络节点的电压有关，与其他动态元件无关，这是交替迭代可以解耦的关键。实际实施时，元件导纳分为两个部分：恒定部分和可变部分，恒定部分已经并入了网络方程，实际计算注入电流用的是可变部分导纳。

(3)求解网络方程，用 $x_{(t+\Delta t)}^{[0]}$ 和式(3.13)得到 $y_{(t+\Delta t)}^{[0]}$ 估计值的修正值 $y_{(t+\Delta t)}^{[1]}$，即求解方程

$$0 = G(x_{(t+\Delta t)}^{[0]}, y_{(t+\Delta t)}^{[1]}) \tag{3.15}$$

采用已经分解好的因子表前代回代来完成。实际实现时，为了保证数值稳定性，分解矩阵只进行一次(其他步长都只是前代回代)，把动态元件中的恒定部分分离出来并入导纳矩阵，从而实际迭代的是修正后的常数矩阵。收敛判据为

$\left| \boldsymbol{y}_{(t+\Delta t)}^{[1]} - \boldsymbol{y}_{(t+\Delta t)}^{[0]} \right| \leqslant \varepsilon$，收敛时进入下一步步长的计算。

严格地说，交替迭代法是采用显式的梯形预测-校正与网络迭代的结合，但是梯形预测-校正收敛时的结果是与隐式梯形法是相同的，网络的交接误差则通过多次迭代来消除。这样，编程简单，数值稳定性也好，也可以像统一迭代的隐式梯形法那样选取大一些的步长。

以往采用联立求解的动态程序之所以比较难以推广，根本原因是动态元件模型扩展困难，要求开发者具备动态仿真的全面知识，对开发人员要求很高。而采用交替迭代法最大的好处在于，如果需要扩展新的模型，迭代控制、网络方程前代回代的代码都不需要修改，只需要增加相应的模型就可以。微分方程求解也不需要先形成雅可比矩阵。同时，交替迭代让动态元件求解加入多核 CPU 并行地处理也变得非常容易，先把串行的程序写好，因为解微分方程时各个元件互相完全独立，在这部分可以采用 OpenMP 并行，原则上只要加几行代码就可以实现并行化处理。至于网络方程求解，并行化十分困难，是开发的重点。总之，采用交替迭代编程相比联立求解法难度大幅度下降。隐式梯形交替求解算法的计算流程如图 3.7 所示。

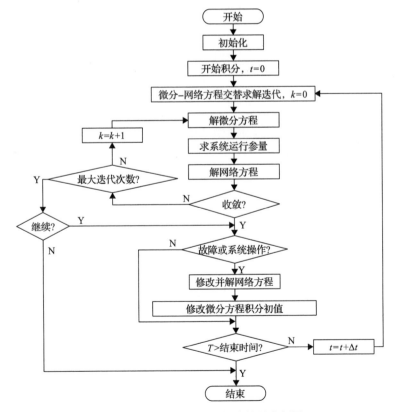

图 3.7 隐式积分交替求解法的基本框图

3.3　动态全过程仿真数值积分方法

3.3.1　微分方程基本数值解法

考虑一阶微分方程

$$\frac{\mathrm{d}x}{\mathrm{d}t} = f(x,t) \tag{3.16}$$

式中，f 为系统微分方程；x 为微分方程组中系统状态变量，如节点电压等；t 为系统当前仿真时刻。

配电网动态全过程仿真，就是通过对系统微分方程组进行数值求解后，交替或联立求解系统微分方程组和代数方程组，以获得配电网动态过程的时域解。

工程实际问题所表现出来的微分方程比较复杂，其原函数往往是多元非线性的，因此很难用解析求解的方法求出方程的通解，只能用数值解法，即从已知的初始状态开始，利用某种数值积分公式离散的逐点求出时间序列 t_n 对应的函数近似值 $x_n=x(t_n)$。对微分方程的这种数值解法称为逐步积分法。常用的逐步积分方法有，①欧拉法；②改进欧拉法；③龙格-库塔法；④后向欧拉法；⑤隐式梯形积分法等[3, 15]。接下来对这几种数值解法进行简单的介绍。

1. 欧拉法

欧拉法又称为欧拉切线法或欧拉折线法。它的基本思想是将积分曲线用折线来代替，而每段直线的斜率都由该段初值代入求得。欧拉法简单地取切线的端点作为下一步的起点进行计算，当步数增多时，误差会因积累而越来越大，因此一般不用于实际计算。该方法基本求解公式如下：

$$x_{n+1} = x_n + f(x_n, t_n)h \tag{3.17}$$

欧拉法的局部截断误差是 $\mathrm{O}(h^2)$ 阶的，全局截断误差是 $\mathrm{O}(h)$ 阶的。

2. 改进欧拉法

应用欧拉法时，由各时段始点计算出的导数值被用于计算整个时段，即代替积分曲线的各折线段斜率仅由相应时段始点决定，给计算造成了较大的误差。改进欧拉法的基本思想为：如果各折线段的斜率选择该时段始点导数值和终点导数值的平均值，则可以得到更精确的计算结果。改进欧拉法的基本求解公式如下

$$\begin{cases} x_{n+1}^{(0)} = x_n + f(x_n, t_n)h \\ x_{n+1} = x_n + \dfrac{f(x_n, t_n) + f(x_{n+1}^{(0)}, t_{n+1})}{2}h \end{cases} \tag{3.18}$$

改进欧拉法的局部截断误差是 $O(h^3)$ 阶的，全局截断误差是 $O(h^2)$ 阶的。

3. 龙格-库塔法

改进欧拉法选择区间上两点的斜率推算 x_{n+1}，从而使局部截断误差较欧拉法提高了一阶。基于改进欧拉法的特点提出精度更高的龙格-库塔法，其基本思想为，在求解区间上合理地选择更多点的斜率来进一步提高数值积分精度。改进欧拉法为二阶龙格-库塔法。一般仿真中最常用的为四阶龙格-库塔法(RK4)，其基本求解公式如下：

$$\begin{cases} x_{n+1} = x_n + \dfrac{k_1 + 2k_2 + 2k_3 + k_4}{6}h \\ k_1 = f(x_n, t_n) \\ k_2 = f\left(x_n + \dfrac{k_1}{2}h, t_n + \dfrac{h}{2}\right) \\ k_3 = f\left(x_n + \dfrac{k_2}{2}h, t_n + \dfrac{h}{2}\right) \\ k_4 = f(x_n + k_3 h, t_n + h) \end{cases} \tag{3.19}$$

四阶龙格-库塔法的局部截断误差是 $O(h^5)$ 阶的，全局截断误差是 $O(h^4)$ 阶的。

4. 后向欧拉法

微分方程数值解法可以分为显式解法和隐式解法。显式解法解算简单但步长受限，不能选得过大；隐式解法就是把微分方程的求解问题转换成差分方程的求解过程，计算相对复杂，但具有更好的数值稳定性，可选择较大步长而不失稳。以上 3 种方法均为显式解法，而后向欧拉法不同，可以理解为是欧拉法的隐式解法。其基本求解方程如下：

$$x_{n+1} = x_n + f(x_{n+1}, t_{n+1})h \tag{3.20}$$

后向欧拉法的局部截断误差是 $O(h^2)$ 阶的，全局截断误差是 $O(h)$ 阶的。

5. 隐式梯形积分法

隐式梯形积分法也是一种隐式的数值积分方法，可以理解为是改进欧拉法的隐式解法。隐式梯形积分法因其良好的数值稳定性而常用于电力系统仿真中，其基本求解方程如下：

$$x_{n+1} = x_n + \frac{f(x_n, t_n) + f(x_{n+1}, t_{n+1})}{2} h \qquad (3.21)$$

隐式梯形积分法的局部截断误差是 $O(h^3)$ 阶的，全局截断误差是 $O(h^2)$ 阶的。

上述 5 种方法中，前 3 种方法是显式求解方法，其中欧拉法的精度较低，并且数值稳定性较差；改进欧拉法的精度较高，但数值稳定性也较差；龙格-库塔法精度很高，但是数值稳定性同样较差，且会增加额外的计算量；后向欧拉法避免了梯形积分法数值振荡的可能性，但带来了较大的阻尼，精度比梯形积分法差；隐式梯形积分法数值稳定性较好，精度也相对较高，但可能存在数值振荡的问题。

在动态全过程仿真中常采用具有良好数值稳定性的隐式梯形积分法，在出现振荡时用后向欧拉法进行短时修正。隐式梯形积分的仿真建模方法具有以下特点，①数值稳定性好；②结果较准确；③编程简单可靠、易扩展。对于大规模的动态全过程仿真，使用梯形积分法进行仿真建模计算是满足要求的。

3.3.2　非迭代半隐式龙格-库塔算法

目前 3.3.1 节介绍的数值积分算法已广泛使用于暂态稳定仿真的商业化软件中，如电力系统综合分析程序 PSASP、中国版的 BPA、美国 PTI 公司的 PSS/E 等。这些积分算法有各自独特的优势，但也存在不同的缺陷，比如显式积分算法计算简单，计算效率高，但数值稳定性差，不具备 A-稳定，其仿真步长受到稳定性的极大限制，很难适用于刚性系统的暂态稳定仿真；隐式积分算法数值稳定性好，具备 A-稳定，但需要进行迭代计算，计算较复杂，计算速度慢。此外，目前使用最广泛的隐式梯形积分法，虽然具备 A-稳定，其仿真步长可以不受稳定性要求的限制，但由于在暂态稳定计算中使用了简单迭代法，其仿真步长要受到迭代收敛性的限制，仍然不能使用较大步长，在暂态稳定仿真中一般取步长为 0.01s，随着步长的增大会出现数值振荡的问题。因此，为了快速精准的进行暂态稳定仿真和分析，亟须提出一种数值稳定性好、计算精度高、计算速度快、能够使用较大步长的数值积分算法。

本书提供了一种半隐式龙格-库塔(semi-implicit Runge-Kutta，SIRK)数值积分算法既具备隐式积分算法的数值稳定性，又无须进行迭代计算，兼具了显式积分算法计算简单、计算量小的优势[16, 17]，同时，相比目前使用最广泛的隐式梯形积分法能够使用更大的步长，解决了配电网动态仿真过程中算法数值稳定性和计算效率难以兼顾的难题，能够更加高效精确稳定地进行配电网动态仿真计算。

1. 半隐式龙格-库塔法

考虑常微分方程组(Ordinary differential equations，ODEs)：

$$\begin{cases} \dot{\boldsymbol{x}} = \boldsymbol{f}(\boldsymbol{x}) \\ \boldsymbol{x}(0) = \boldsymbol{x}_0 \end{cases} \tag{3.22}$$

s 级龙格-库塔的一般形式运用到式(3.22)，得到

$$\boldsymbol{x}_{n+1} = \boldsymbol{x}_n + \sum_{i=1}^{s} \mu_i \boldsymbol{\kappa}_{i,<n>}$$

$$\boldsymbol{\kappa}_{i,<n>} = h\boldsymbol{f}\left(\boldsymbol{x}_n + \sum_{j=1}^{s} \xi_{ij} \boldsymbol{\kappa}_{j,<n>} \right) \tag{3.23}$$

式中，$\boldsymbol{\kappa}_{i,<n>} \in \mathbb{R}^n$，为 t_n 时刻的平均斜率向量；μ_i 为权重系数。当 $\xi_{ii}=0$ 时，上式即为显式龙格-库塔公式。

根据式(3.23)，当 $j \geqslant i$ 时 $\xi_{ij}= 0$ 时，得到显式方法，它是非迭代的，但不是 A-稳定的。当 $j>i$ 中的 $\xi_{ij}\neq 0$ 时，得到 A-稳定但需要迭代的隐式方法。当 $j>i$ 且 $\xi_{ij}=0$ 但 $\xi_{ii}\neq 0$ 时，得到半隐式方法，它可以在具备 A-稳定的同时避免迭代计算。

由上述可知，半隐式龙格-库塔的一般形式为

$$\boldsymbol{\kappa}_{i,<n>} = h\boldsymbol{f}(\boldsymbol{g}_i + \xi_{ii}\boldsymbol{\kappa}_{i,<n>})$$

$$\boldsymbol{g}_i = \boldsymbol{x}_n + \sum_{j=1}^{i-1} \xi_{ij} \boldsymbol{\kappa}_{j,<n>} \tag{3.24}$$

当 $\boldsymbol{f}$ 为非线性函数时，求取 $\boldsymbol{\kappa}_{i,<n>}$ 需要进行迭代计算。为了避免迭代计算，对式(3.24)在 $\boldsymbol{g}_i$ 处使用一阶泰勒展开实现线性化[18]，得到式(3.25)：

$$\boldsymbol{\kappa}_{i,<n>} = h\left[\boldsymbol{f}(\boldsymbol{g}_i) + \frac{\partial \boldsymbol{f}}{\partial \boldsymbol{x}}(\boldsymbol{g}_i)\xi_{ii}\boldsymbol{\kappa}_{i,<n>} \right] \tag{3.25}$$

随后被 Haines[19]进一步完善，得到 s 级半隐式龙格-库塔法的一般形式：

$$\boldsymbol{A}_{i,<n>}\boldsymbol{\kappa}_{i,<n>} = h\boldsymbol{F}_{i,<n>} \tag{3.26}$$

式中，$\boldsymbol{A}_{i,<n>} = \boldsymbol{I} - h\alpha_i \boldsymbol{J}\left(\boldsymbol{x}_n + \sum_{j=1}^{i-1} \beta_{ij}\boldsymbol{\kappa}_{j,<n>} \right)$，$\boldsymbol{F}_{i,<n>} = \boldsymbol{f}\left(\boldsymbol{x}_n + \sum_{j=1}^{i-1} \xi_{ij}\boldsymbol{\kappa}_{j,<n>} \right)$，$\boldsymbol{J} = \frac{\partial \boldsymbol{f}}{\partial \boldsymbol{x}}(\boldsymbol{x}_n)$

其中，$\boldsymbol{J}$ 为系统微分方程组的雅可比矩阵；h 为仿真步长；α_i、β_{ij}、ξ_{ij} 为待定系数；$\boldsymbol{A}_{in}$ 为线性方程组的系数矩阵；$\boldsymbol{F}_{in}$ 为右端函数向量。$\boldsymbol{A}_{in}$ 和 $\boldsymbol{F}_{in}$ 均为状态矩阵，在计算过程中每一步都需要更新计算。

由式(3.26)可知，求解 $\boldsymbol{\kappa}_{i,<n>}$ 不需要进行迭代计算，只需要求解 s 个 m 维线性方程组。

2. 数值性能分析

经证明，二级半隐式龙格-库塔公式的计算效率相比隐式积分算法具有明显的优势，但是当公式的级数达到三级及以上时，计算效率的优势就不再显著。因此，本书将二级半隐式龙格-库塔法运用于配电网的暂态稳定性仿真中，本节将详细介绍二级半隐式龙格-库塔法的精度，数值稳定性和仿真效率。

1) 阶数条件

由式(3.26)可得，二级龙格-库塔公式的一般形式如下：

$$
\begin{aligned}
\boldsymbol{x}_{n+1} &= \boldsymbol{x}_n + \mu_1 \boldsymbol{\kappa}_{1,<n>} + \mu_2 \boldsymbol{\kappa}_{2,<n>} \\
\boldsymbol{\kappa}_{1,<n>} &= \Theta(\boldsymbol{I} - h\alpha_1 \boldsymbol{J}(\boldsymbol{x}_n)) * h\boldsymbol{f}(\boldsymbol{x}_n) \\
\boldsymbol{\kappa}_{2,<n>} &= \Theta(\boldsymbol{I} - h\alpha_1 \boldsymbol{J}(\boldsymbol{x}_n + \beta_{11}\boldsymbol{\kappa}_{1,<n>})) * h\boldsymbol{f}(\boldsymbol{x}_n + \xi_{11}\boldsymbol{\kappa}_{1,<n>})
\end{aligned}
\tag{3.27}
$$

在 $\boldsymbol{x}=\boldsymbol{x}_n$ 处对函数 $\boldsymbol{f}$ 进行泰勒展开，并且采用关于 h 的幂级数展开式来近似替代线性方程组的系数矩阵，求出 $\boldsymbol{\kappa}_{1,<n>}$、$\boldsymbol{\kappa}_{2,<n>}$ 后，通过比较 $\boldsymbol{x}_{n+1}$ 的数值解与真实解之间的泰勒展开对应项，来得出相应的阶数条件。

$$
\text{一阶：} \mu_1 + \mu_2 = 1 \tag{3.28}
$$

$$
\text{二阶：} \mu_1\alpha_1 + \mu_2\alpha_2 + \mu_2\xi_{11} = 1/2 \tag{3.29}
$$

$$
\text{三阶：}
\begin{cases}
\mu_1\alpha_1^2 + \mu_2\alpha_2^2 + \mu_2\xi_{11}(\alpha_1 + \alpha_2) = 1/6 \\
\mu_2\left(\alpha_2\beta_{11} + \dfrac{1}{2}\xi_{11}^2\right) = 1/6
\end{cases}
\tag{3.30}
$$

$$
\text{四阶：}
\begin{cases}
\mu_1\alpha_1^3 + \mu_2[\alpha_2^3 + (\alpha_1^2 + \alpha_1\alpha_2 + \alpha_2^2)\xi_{11}] = 1/24 \\
\mu_2\alpha_2\left(\alpha_2\beta_{11} + \dfrac{1}{2}\xi_{11}^2\right) = 1/24 \\
\mu_2(\alpha_1\alpha_2\beta_{11} + \alpha_2^2\beta_{11} + \alpha_2\xi_{11}\beta_{11} + \alpha_1\xi_{11}^2) = 1/24 \\
\mu_2\left(\dfrac{1}{2}\alpha_2\beta_{11}^2 + \dfrac{1}{6}\xi_{11}^3\right) = 1/24
\end{cases}
\tag{3.31}
$$

式(3.28)~式(3.31)中，有 6 个未知数，记作 $\Omega = \{\mu_1, \mu_2, \alpha_1, \alpha_2, \xi_{11}, \beta_{11}\}$，不同的参数取值将会产生不同数值精度的半隐式龙格-库塔公式。例如，当式(3.28)、式(3.29)被同时满足时，二级 SIRK 具备二阶数值精度，三阶截断误差，当式(3.28)、式(3.30)被同时满足时，二级 SIRK 具备三阶数值精度，四阶截断误差。经计算，上述 4 个式子没有办法同时满足，即二级 SIRK 最高只能具备三阶数值精度。

2) 数值稳定性

一阶常微分方程数值积分算法的数值稳定性通常由 Dahlquist 测试方程来描述[15]，如式 (3.32) 所示。

$$\begin{cases} \dfrac{\mathrm{d}x}{\mathrm{d}t} = \lambda x \\ x(0) = 1 \end{cases} \tag{3.32}$$

其中，$\lambda \in \mathbb{C}$。

将式 (3.32) 运用到数值积分格式中，可以得到

$$\begin{cases} x_{n+1} = \phi(z)x_n \\ z = h\lambda \end{cases} \tag{3.33}$$

如上所述，将稳定性条件运用到二级 SIRK 积分格式中，得到其绝对稳定函数：

$$\begin{aligned} \phi_{2\text{stage–SIRK}}(z) &= \frac{\gamma z^2 + \rho z + 1}{\alpha_1 \alpha_2 z^2 - (\alpha_1 + \alpha_2)z + 1} \\ \gamma &= \alpha_1 \alpha_2 - \mu_1 \alpha_2 + \mu_2(\xi_{11} - \alpha_1) \\ \rho &= \mu_1 + \mu_2 - (\alpha_1 + \alpha_2) \end{aligned} \tag{3.34}$$

一个数值积分算法的稳定性一般由 A-稳定、L-稳定、对称 A-稳定来衡量[20]。

(1) A-稳定：对于所有的 $z = \lambda h$，如果一个数值积分算法的稳定函数始终满足 $|\phi(z)| \leqslant 1$，则该方法具备 A-稳定，其对应的数值稳定域包含整个左半复平面。

(2) L-稳定：当 $\mathrm{Re}(\lambda)h \to \infty$ 时，如果一个数值积分算法的稳定函数满足 $|\phi(z)| \to 0$，则该方法具备 L-稳定。当仿真步长增大时，A-稳定的方法可能会出现数值振荡问题，但 L-稳定的方法仍然可以保证数值的鲁棒性和准确性[16]。

(3) 对称 A-稳定：当 $\mathrm{Re}(\lambda)h \to \infty$ 时，如果一个数值积分算法的稳定函数满足 $|\phi(z)| = 1$，则该方法具备对称 A-稳定，其对应的数值稳定域只包含左半复平面，例如常见的隐式梯形积分法。对于自身不稳定的微分方程组，如果所采用的数值积分算法稳定域包含右半复平面的部分区域时，当步长取值使得 $z = \lambda h (\mathrm{Re}(\lambda) > 0)$ 落入右半平面的稳定域时会给出稳定的数值仿真结果，从而与实际不相符造成失真的问题，这样的现象称作超稳定现象，而采用具备对称 A-稳定的数值算法可以避免此类现象的发生[18]。

3) 计算量评估

如式 (3.26)，在二级 SIRK 方法中，非线性方程的迭代计算被转化为两个线性

方程组的求解。假定式(3.26)中的 6 个参数各不相同，则二级 SIRK 的计算量主要包括两次 m 维函数列向量的求解、两次雅可比矩阵的计算、两次矩阵分解计算和两次矩阵相乘计算。因此，该方法计算量的大小也与其中的 6 个参数有关，例如，当 $\alpha_1=\alpha_2$、$\beta_{11}=0$ 时，雅可比矩阵的计算次数和矩阵分解的次数可以减少为原来的一半。

4) 参数优化设计方法

由上述可知，二级 SIRK 方法的数值精度、数值稳定性和计算效率均与 Ω 有关，不同的参数组合会使二阶 SIRK 公式具备不同的精度、稳定性和计算效率。本小节将介绍综合考虑精度、稳定性和效率的最优参数方法。首先，考虑计算效率，为了最大限度地减少该方法的计算量，给出前提条件：$\alpha_1=\alpha_2$，$\beta_{11}=0$。其次，考虑稳定性，具备 L-稳定和对称 A-稳定的数值算法的数值性能比 A-稳定方法更加优越，因此，优先考虑获得 L-稳定和对称 A-稳定的积分格式。由数学理论证明可知，具备三阶数值精度的二级 SIRK 不可能是 L-稳定和对称 A-稳定的，因此，本节下面将给出二级 SIRK 方法的三种最优差分格式。

(1) 二阶 L-稳定 SIRK 方法(SIRK-2SA)。

L-稳定的二级 SIRK 方法稳定函数需要满足式(3.35)：

$$\left\{\lim_{z\to-\infty}\left|\frac{\gamma z^2+\rho z+1}{\alpha_1\alpha_2 z^2-(\alpha_1+\alpha_2)z+1}\right|=0,\forall\alpha_1,\alpha_2,\mu_1,\mu_2,\xi_{11}\in\Omega\right\} \tag{3.35}$$

同时考虑三阶截断误差的精度条件，得到二阶 L-稳定 SIRK 方法需要满足的约束条件，如下所示：

$$\begin{cases}\alpha_1-\alpha_2=0,\beta_{11}=0,\mu_1+\mu_2=1\\\mu_1\alpha_1+\mu_2\alpha_2+\mu_2\xi_{11}=1/2\\\alpha_1\alpha_2-\mu_1\alpha_2+\mu_2(\xi_{11}-\alpha_1)=0\end{cases} \tag{3.36}$$

式(3.36)中有六个未知数，但只有五个方程，因此其中一个未知数需要任意给出，为了减少计算量本书取 $\mu_1=0$。

(2) 二阶对称 A-稳定 SIRK 方法(SIRK-2SA)。

二级 SIRK 能够具备对称 A-稳定和二阶数值精度，需要满足下列条件：

$$\begin{cases}\alpha_1-\alpha_2=0,\beta_{11}=0,\mu_1+\mu_2=1\\\mu_1\alpha_1+\mu_2\alpha_2+\mu_2\xi_{11}=1/2\\\lim_{z\to-\infty}\left|\frac{\gamma z^2+\rho z+1}{\alpha_1\alpha_2 z^2-(\alpha_1+\alpha_2)z+1}\right|=1\end{cases} \tag{3.37}$$

(3) 三阶 A-稳定 SIRK 方法(SIRK-2SA)。

最初，Rosenbrock 提出了一组参数，如表 3.1 所示，使得二级 SIRK 具备 A-稳定和三阶数值精度，但其计算量却不是最优。为了减少该方法的计算量，需满足下列条件：

$$\begin{cases} \alpha_1 - \alpha_2 = 0, \beta_{11} = 0, \mu_1 + \mu_2 = 1 \\ \mu_1 \alpha_1 + \mu_2 \alpha_2 + \mu_2 \xi_{11} = 1/2 \\ \mu_1 \alpha_1^2 + \mu_2 \alpha_2^2 + \mu_2 \xi_{11}(\alpha_1 + \alpha_2) = 1/6 \\ \mu_2 \left(\alpha_2 \beta_{11} + \dfrac{1}{2} \xi_{11}^2 \right) = 1/6 \\ \left| \phi_{2\text{stage-SIRK}}(z) \right| < 1 \end{cases} \tag{3.38}$$

通过求解上述给出的 3 组约束条件方程组，可以得到二级 SIRK 法的最优参数集，分别记作 SIRK-2L、SIRK-3A、SIRK-2SA，其对应的参数表和数值特性如表 3.1 所示，不同方法对应的数值稳定域如图 3.8 所示。

表 3.1　半隐式龙格-库塔法最优参数

方法	SIRK-2L	SIRK-3A	SIRK-2SA	罗森布罗克
μ_1	0	0.5	0.75	-0.41315432
μ_2	1	0.5	0.25	1.41315432
α_1	$1 - \sqrt{2}/2$	$\sqrt{3}/6 + 1/2$	0.25	1.40824829
α_2	$1 - \sqrt{2}/2$	$\sqrt{3}/6 + 1/2$	0.25	0.59175171
ξ_{11}	$(\sqrt{2}-1)/2$	$-\sqrt{3}/3$	1	0.17378667
β_{11}	0	0	0	0.17378667
稳定性	L-稳定	A-稳定	对称 A-稳定	A-稳定
精度	$O(h^2)$	$O(h^3)$	$O(h^2)$	$O(h^3)$

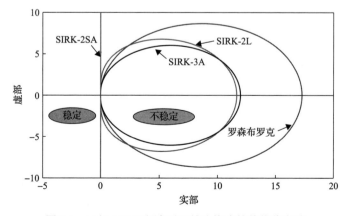

图 3.8　二级 SIRK 方法不同差分格式的数值稳定域

5) 数值算例

为了验证二级 SIRK 良好的数值性能，本小节给出了两个常微分方程组的初值问题数值算例，并分别和传统算法梯形法(trapezoidal method，Trapz)和后向欧拉法(backward Euler method，BEM)进行对比，结果如下所示。

(1) 数值算例 1：

$$\begin{cases} \dot{y} = -0.01y - 99.99z \\ \dot{z} = -100z \\ y(0) = 2, \quad z(0) = 1 \end{cases} \tag{3.39}$$

式(3.39)所示的二阶微分方程组对应的特征方程有两个特征根，$\lambda_1 = -100$，$\lambda_2 = -0.01$，刚性比为 10000，因此式(3.39)是一个强刚性的方程组。该方程具有精确的解析解，如式(3.40)所示：

$$\begin{cases} y(t) = e^{-100t} + e^{-0.01t} \\ z(t) = e^{-100t} \end{cases} \tag{3.40}$$

式(3.39)的数值仿真结果如图 3.9 所示，由图可知，当采用具备 A-稳定的梯形法求解上述问题时，步长不断增大时会出现数值衰减振荡的现象，但是当采用具备 L-稳定的 SIRK-2L 方法时，数值振荡现象就不会出现，当步长增大时依旧可以很好地拟合解析解，保证数值仿真结果的鲁棒性和准确性。

(2) 数值算例 2：

$$\begin{cases} \dot{x}_1 = 100x_1 - 400x_2 \\ \dot{x}_2 = 100x_1 + 100x_2 \\ x_1(0) = 2, \quad x_2(0) = 2 \end{cases} \tag{3.41}$$

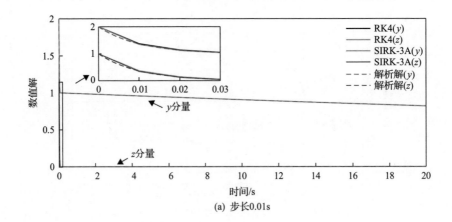

(a) 步长0.01s

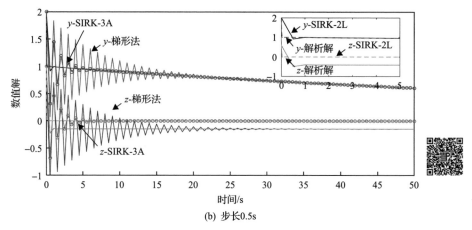

(b) 步长0.5s

图 3.9　算例 1 数值仿真结果(彩图扫二维码)

根据李雅普诺夫稳定性理论,可知式(3.41)是一组数值不稳定的微分方程组,其对应的两个特征根分别为 $\lambda_{1,2}=100\pm j200$。当步长取 1×10^{-5} 时, $z_1=\lambda_1h_1=0.001+j0.002$,如图 3.10 中的 A 点,此时其位于后向欧拉法和 SIRK-2SA 的不稳定区域内,两种方法给出的数值仿真结果均发散,与精确解一致,如图 3.11(a)所示。当步长增大取 0.005 时, $z_2=\lambda_2h_2=0.5+j$,如图 3.10 中的 B 点,其位于后向欧拉法的稳定区域内,但位于 SIRK-2SA 的不稳定区域内。由图 3.11(b)的数值结果可知,SIRK-2SA 的仿真结果发散与精确解一致,而后向欧拉法却给出了收敛的数值结果,与真实解不符,造成了超稳定现象。

3. 基于二级 SIRK 的配电网动态仿真流程

配电网动态仿真模型包含描述网络模型的代数方程组和描述分布式电源动态

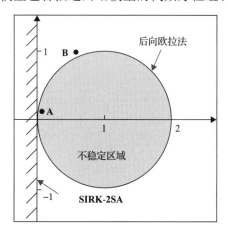

图 3.10　SIRK-2SA 和后向欧拉法的数值稳定域

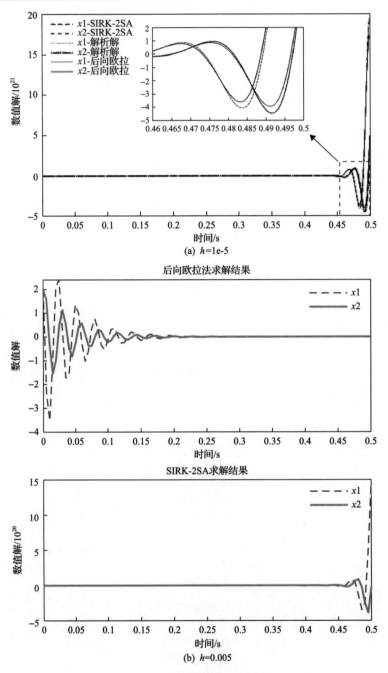

图 3.11　算例 2 数值仿真结果

模型的微分代数方程组。本节介绍将二级 SIRK 方法运用到含高密度分布式电源有源配电网的动态仿真流程。

1）构造分布式电源动态模型的雅可比矩阵

分布式电源的动态模型也由微分代数方程组来描述，以双级式分布式光伏模型为例，具体模型可参考文献[23]，将光伏的数学模型整理成式(3.42)和式(3.43)的形式，其中，式(3.42)为微分方程，式(3.43)为代数方程。

$$\frac{\mathrm{d}i_\mathrm{d}}{\mathrm{d}t} = \frac{\omega_\mathrm{s}}{l_\mathrm{f}}(-u_{i\mathrm{d}} + u_{s\mathrm{d}}) + \omega_\mathrm{s} \cdot i_\mathrm{q}$$

$$\frac{\mathrm{d}i_\mathrm{q}}{\mathrm{d}t} = \frac{\omega_\mathrm{s}}{l_\mathrm{f}}(-u_{i\mathrm{q}} + u_{s\mathrm{q}}) - \omega_\mathrm{s} \cdot i_\mathrm{d}$$

$$\frac{\mathrm{d}u_{\mathrm{rds}}}{\mathrm{d}t} = i_{\mathrm{dref}} - i_\mathrm{d}\cos\theta - i_\mathrm{q}\sin\theta$$

$$\frac{\mathrm{d}u_{\mathrm{rqs}}}{\mathrm{d}t} = i_{\mathrm{qref}} + i_\mathrm{d}\sin\theta - i_\mathrm{q}\cos\theta$$

$$\frac{\mathrm{d}u_{\mathrm{pv}}}{\mathrm{d}t} = \frac{1}{C_{\mathrm{pv}}}(i_{\mathrm{pv}} - i_\mathrm{L}) \tag{3.42}$$

$$\frac{\mathrm{d}i_L}{\mathrm{d}t} = \frac{1}{L_{\mathrm{dc}}}[u_{\mathrm{pv}} - (1-D)u_{\mathrm{dc}}]$$

$$\frac{\mathrm{d}u_{\mathrm{dc}}}{\mathrm{d}t} = \frac{1}{C_{\mathrm{dc}}}[(1-D)i_\mathrm{L} - i_{\mathrm{dc}}]$$

$$\frac{\mathrm{d}D_\mathrm{s}}{\mathrm{d}t} = u_{\mathrm{pv}} - u_\mathrm{m}$$

$$\frac{\mathrm{d}i_{\mathrm{drefs}}}{\mathrm{d}t} = u_{\mathrm{dcref}} - u_{\mathrm{dc}}$$

$$i_{\mathrm{pv}} = i_{\mathrm{sc}}[1 - c_1(e^{\frac{u_{\mathrm{pv}}}{c_2 u_{\mathrm{oc}}}} - 1)]$$
$$D = k_\mathrm{p}(u_{\mathrm{pv}} - u_\mathrm{m}) + k_i D_\mathrm{s} \tag{3.43}$$
$$i_{\mathrm{dc}} = \frac{3}{2u_{\mathrm{dc}}}(u_{i\mathrm{d}}i_\mathrm{d} + u_{i\mathrm{q}}i_\mathrm{q})$$

假定系统中含有 k 个光伏，光伏模型的雅可比矩阵构造有两种方法，第一种方法是针对所有光伏模型形成一个维度为 $9k$ 的方阵，此时雅可比矩阵由式(3.44)表示：

$$\boldsymbol{J}_{\mathrm{pv}} = \begin{bmatrix} \boldsymbol{X}_1 \\ \boldsymbol{X}_2 \\ \vdots \\ \boldsymbol{X}_k \end{bmatrix} = \begin{bmatrix} \boldsymbol{J}_{\mathrm{pv1}} & \boldsymbol{O}_{n\times n} & \cdots & \boldsymbol{O}_{n\times n} \\ \boldsymbol{O}_{n\times n} & \boldsymbol{J}_{\mathrm{pv2}} & \boldsymbol{O}_{n\times n} & \boldsymbol{O}_{n\times n} \\ \vdots & \vdots & \ddots & \vdots \\ \boldsymbol{O}_{n\times n} & \boldsymbol{O}_{n\times n} & \cdots & \boldsymbol{J}_{\mathrm{pvk}} \end{bmatrix} \tag{3.44}$$

式中，$\boldsymbol{J}_{pv}$ 为所有光伏模型的雅可比矩阵；$\boldsymbol{J}_{pvi}(i=1,2,3,\cdots,k)$ 为第 i 个光伏模型的雅可比矩阵；$\boldsymbol{X}_i=[i_{di},\,i_{qi},\,u_{rdsi},\,u_{rqsi},\,u_{pvi},\,i_{Li},\,u_{dci},\,D_{si},\,i_{drefsi}]$，代表每个光伏模型的状态变量。注意到 $\boldsymbol{J}_{pv}$ 为对角矩阵，因此所有光伏模型的雅可比矩阵可以单独进行求解，即为第二种方法。两种方法的计算结果完全一致，但第一种方法会造成存储空间的浪费和不必要的计算。如上所述，每个光伏模型的雅可比矩阵可独立求解，另外，式(3.44)中的代数变量 i_{pv}, D, i_{dc} 均和微分变量有关，在每个步长内进行雅可比矩阵求导时将其视作固定不变的值传递给微分方程。综上所示，可求得每个光伏模型的雅可比矩阵 $\boldsymbol{J}_{pvi}$ 和线性方程组的系数矩阵 $\boldsymbol{A}_{pvi}$，如式(3.45)所示：

$$\boldsymbol{J}_{pvi}=\begin{bmatrix}\boldsymbol{U}_{pvi} & \boldsymbol{O}_{4\times5}\\ \boldsymbol{O}_{5\times4} & \boldsymbol{L}_{pvi}\end{bmatrix},\boldsymbol{A}_{pvi}=\begin{bmatrix}\boldsymbol{M}_{pvi} & \boldsymbol{O}_{4\times5}\\ \boldsymbol{O}_{5\times4} & \boldsymbol{N}_{pvi}\end{bmatrix},\quad i=1,2,\cdots,k \tag{3.45}$$

式中

$$\boldsymbol{U}_{pvi}=\begin{bmatrix}0 & \omega_s & 0 & 0\\ -\omega_s & 0 & 0 & 0\\ -\cos\theta_i & -\sin\theta_i & 0 & 0\\ -\sin\theta_i & -\cos\theta_i & 0 & 0\end{bmatrix},\boldsymbol{M}_{pvi}=\begin{bmatrix}1 & -\alpha h\omega_s & 0 & 0\\ \alpha h\omega_s & 1 & 0 & 0\\ \alpha h\cos\theta_i & \alpha h\sin\theta_i & 1 & 0\\ -\alpha h\sin\theta_i & \alpha h\cos\theta_i & 0 & 1\end{bmatrix}$$

$$\boldsymbol{L}_{pvi}=\begin{bmatrix}0 & \dfrac{-1}{C_{pvi}} & 0 & 0 & 0\\ \dfrac{1}{L_{dci}} & 0 & \dfrac{D_i-1}{L_{dci}} & 0 & 0\\ 0 & \dfrac{1-D_i}{C_{dci}} & 0 & 0 & 0\\ 1 & 0 & 0 & 0 & 0\\ 0 & 0 & 0 & -1 & 0\end{bmatrix},\boldsymbol{N}_{pvi}=\begin{bmatrix}1 & \dfrac{\alpha h}{C_{pvi}} & 0 & 0 & 0\\ \dfrac{-\alpha h}{L_{dci}} & 1 & \dfrac{\alpha h(1-D_i)}{L_{dci}} & 0 & 0\\ 0 & \dfrac{\alpha h(D_i-1)}{C_{dci}} & 1 & 0 & 0\\ -\alpha h & 0 & 0 & 1 & 0\\ 0 & 0 & 0 & \alpha h & 1\end{bmatrix}$$

同理，对于其他类型的分布式电源动态模型，可按照上述的方法进行雅可比矩阵和线性方程组系数矩阵的构造和求解。

2) 自适应雅可比矩阵更新策略

由 3.3.1 节可知，动态模型的雅可比矩阵为状态矩阵，矩阵的元素值每个时刻都会发生变化，所以在仿真过程中的每个时步雅可比矩阵都要重新求解，进而系数矩阵 $\boldsymbol{A}$ 及 $\boldsymbol{A}$ 的逆也需要每个时步进行计算。为了在仿真过程中进一步减少计算量，提升仿真效率，本节介绍一种适用于 SIRK 方法的自适应雅可比矩阵更新策略。该策略的主要思想是在系统进入准稳态阶段时，系统的各个变量缓慢变化造成相邻两个时步的雅可比矩阵中各个元素的值相差很小，因此当前时步的雅可比矩阵可由上一时步的值来代替，从而可以减少雅可比矩阵的计算次数，提升仿真效率。具体的雅可比矩阵更新策略可由下式表示：

$$\text{Update} = \begin{cases} -1, & \max \sum_{i=1}^{p} \sum_{j=1}^{p} | \boldsymbol{J}_{ij}^{n} - \boldsymbol{J}_{ij}^{n-1} | \leqslant \text{TOL} \\ 1, & \max \sum_{i=1}^{p} \sum_{j=1}^{p} | \boldsymbol{J}_{ij}^{n} - \boldsymbol{J}_{ij}^{n-1} | > \text{TOL} \end{cases} \tag{3.46}$$

其中，Update 为雅可比矩阵更新的标志；TOL 为矩阵更新所允许的误差限；$\boldsymbol{J}_{ij}^{n}$，$\boldsymbol{J}_{ij}^{n-1}$ 分别代表当前时刻和上一时刻雅可比矩阵的元素值；当本时步和上一时步雅可比矩阵中各个元素的差值小于设定的允许误差时，Update= −1 代表矩阵不更新，当差值大于设定的允许误差时，Update=1 时代表矩阵更新。采用自适应雅可比矩阵更新策略，不仅可以减少雅可比矩阵中元素的求解次数，同时系数矩阵 $\boldsymbol{A}$ 及其逆矩阵可以使用上一时步的值，从而减少了系数矩阵 $\boldsymbol{A}$ 的求解和逆矩阵的求解，系数矩阵的逆矩阵处理方法如下式所示：

$$\text{INV}(\boldsymbol{A}_{i}^{n}) = \begin{cases} \text{INV}(\boldsymbol{A}_{i}^{n-1}), & \text{Update} = -1 \\ \text{INV}(\boldsymbol{A}_{i}^{n}), & \text{Update} = 1 \end{cases} \tag{3.47}$$

3）仿真流程

基于前文所述的雅可比矩阵构造方法和自适应雅可比矩阵更新策略，将二级 SIRK 方法运用到配电网动态仿真的算法流程如图 3.12 所示。

其中，利用二级 SIRK 方法求解动态模型的微分代数方程组具体计算步骤如下：

流程 1：二级 SIRK 方法求解动态模型的微分代数方程组计算流程

1．计算 Update 的值；

2．进行判断，当 Update= −1 时，矩阵不更新：$\text{INVA}^{n} = \text{INVA}^{n-1}$；

　　　当 Update=1 时，矩阵更新，计算矩阵 A 的逆：$\text{INVA}^{n}=\text{inv}(\boldsymbol{A}^{n})$；

3．计算 $\boldsymbol{F}_{1n}=[f_{1}(\boldsymbol{x}_{n}), f_{2}(\boldsymbol{x}_{n}), \cdots, f_{n}(\boldsymbol{x}_{n})]^{\text{T}}$；

4．计算 $\boldsymbol{K}_{1n}=\text{INVA}^{n}*\boldsymbol{F}_{1n}$；

5．计算 $\boldsymbol{x}_{n1}=\boldsymbol{x}_{n}+\beta_{11}\boldsymbol{K}_{1n}$ and $\boldsymbol{F}_{2n}=[f_{1}(\boldsymbol{x}_{n1}), f_{2}(\boldsymbol{x}_{n1}), \cdots, f_{n}(\boldsymbol{x}_{n1})]^{\text{T}}$；

6．计算 $\boldsymbol{K}_{2n}=\text{INVA}^{n}*\boldsymbol{F}_{2n}$；

7．保存当前步长使用的矩阵 A 的逆：$\text{INVA}^{n-1} = \text{INVA}^{n}$；

8．计算下一时刻的状态变量的值：$\boldsymbol{x}_{n+1}=\boldsymbol{x}_{n}+\mu_{1}\boldsymbol{K}_{1n}+\mu_{2}\boldsymbol{K}_{2n}$。

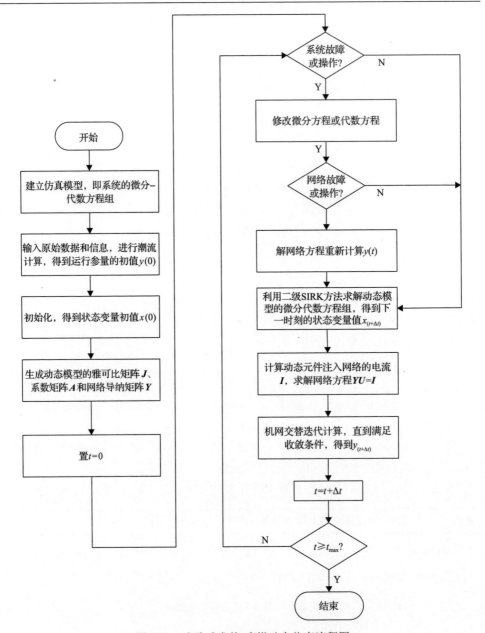

图 3.12　半隐式龙格-库塔动态仿真流程图

4. 算例分析

为了验证二级 SIRK 的有效性，本节分别在改进 IEEE-33 配电系统和安徽省金寨县实际配电系统中进行动态过程仿真。

1) 改进 IEEE-33 节点配电网系统算例

(1) 算例概况。IEEE-33 节点配网系统电压等级为 12.66kV,系统频率 60Hz。在原有系统的框架下,每个负荷节点上通过理想变压器接入分布式光伏电站,理想变压器变比为 12.66kV/0.38kV,每个光伏电站的所发出的有功功率占所接入节点负荷有功的 40%,即整个系统的光伏渗透率为 40%。此外,为了模拟同步型分布式电源的动态特性,在节点 6 和 30 处接入同步电机,容量为 165.64kV·A,模型采用二阶经典发电机模型。改进后的 IEEE-33 节点配电系统如图 3.13 所示。

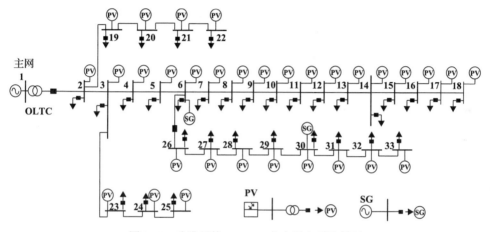

图 3.13 改进后的 IEEE-33 节点配电系统算例

(2) 仿真验证。首先,通过与改进欧拉法(modified Euler,ME)和梯形法(trapezoidal method,Trapz)的仿真结果进行比较,验证本节所提方法的数值稳定性能。仿真在给定初值的前提下启动,仿真时间设为 2s。仿真结果如图 3.14,当步长取 0.1ms 时,三种算法的结果基本一致;当步长增加到 0.13ms 时,改进欧拉法开始出现数值振荡,然而二级 SIRK 和梯形法仍保持相同的计算结果;当步长增大到 0.14ms 时,改进欧拉法的结果已经完全发散;继续增加步长到 0.5ms,梯形法出现数值振荡现象,而采用二级 SIRK 的 SIRK-2L 格式可以避免振荡现象,在大步长下仍然保持准确的仿真结果。

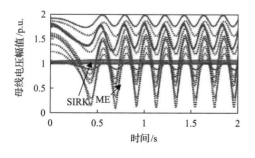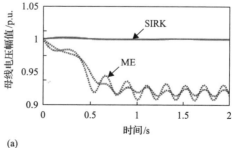

(a)

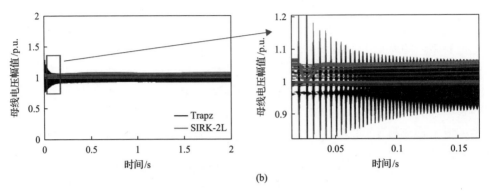

图 3.14　仿真数值稳定性对比

为验证二级 SIRK 的准确性，设置了 3 种不同扰动场景下的动态仿真，即光照扰动、光伏模型控制器参数改变、三相短路故障。动态仿真算法分别采用 SIRK-2SA、SIRK-3A、SIRK-2L，并将仿真结果与梯形法进行对比。4 种不同场景下的仿真时间均设为 10s，步长采用 0.1ms，光伏模型的初始光照为 1000W/s^2，温度为 25℃。

场景 1：光照扰动。光伏模型的光照强度在 5s 时由 1000W/s^2 降为 500W/s^2，并在 6s 时恢复到 1000W/m^2。节点 8 处的光伏有功功率(标幺值)和其局部放大如图 3.15 所示。

场景 2：光伏模型外环控制器直流电压参考值变化。光伏模型的直流电压参考值在 5s 时从 800 调整到 820，直流电压(有名值)变化曲线和局部放大如图 3.16 所示。

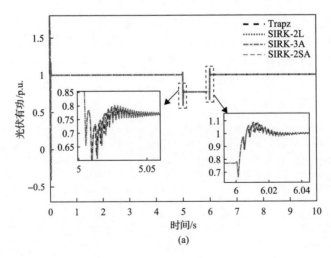

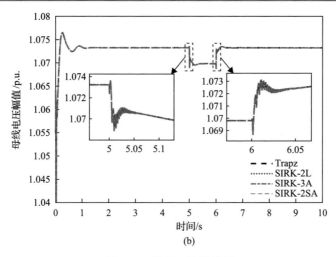

图 3.15　场景 1 仿真结果

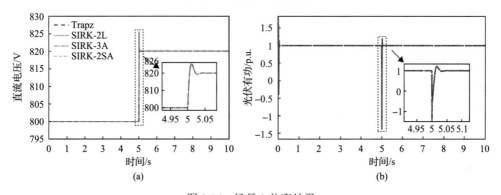

图 3.16　场景 2 仿真结果

场景 3：三相短路故障。5s 时在线路 26-27 靠近节点 27 处设置三相短路故障并在 5.15s 切除故障。节点 27 处的电压幅值(标幺值)和节点 6 接入的同步机的转速(标幺值)及其局部放大如图 3.17 所示。

场景 4：连续性故障。4s 时光照强度由 1000W/m² 升为 1300W/m²，并在 5s

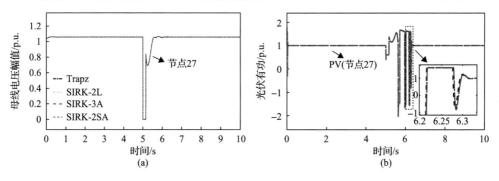

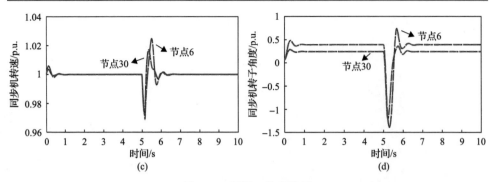

图 3.17　场景 3 仿真结果

时恢复到 1000W/m²，7s 时在线路 27-28 靠近节点 28 处设置三相接地短路故障，并在一个交流周波后 7.1s 切除故障。

不同仿真场景下不同算法的仿真时间对比如表 3.2 所示。

表 3.2　不同算法的仿真时间

算法	场景 1	场景 2	场景 3	场景 4
SIRK-2L	190.63s	191.54s	204.65s	208.64s
SIRK-2SA	194.68s	196.46s	207.26s	211.64s
SIRK-3A	195.54s	196.06s	209.88s	212.25s
Trapz	213.67s	207.08s	239.68s	259.52s

从上述仿真结果可知，本书所介绍的二级 SIRK 方法 SIRK-2L、SIRK-2SA、SIRK-3A 与梯形法相比均具有一致的仿真结果，并且 3 种计算格式的计算效率相当。在仿真效率对比方面，在不同场景下二级 SIRK 方法的仿真效率均优于梯形法，但在不同场景下二级 SIRK 的仿真效率提升比例却有所差别。为了分析该差异，以 SIRK-3A 和梯形法为例，将总的仿真时间分为 4 个主要模块：①描述光伏模型的微分方程(PV-DEs)；②描述同步电机模型的微分方程(SG-DEs)；③描述网络模型的代数方程(NW-AEs)；④剩余其他部分(Extra)。每个模块的仿真用时如表 3.3 所示。

进一步，每个模块的仿真用时与仿真场景的关系如图 3.18 及图 3.19 所示。

表 3.3　各模块仿真用时

模块	方法	案例 1	案例 2	案例 3	案例 4
PV-DEs	Trapz	65.88s	59.12s	77.91s	97.48s
	SIRK-3A	48.26s	48.09 s	48.49s	50.68s
SG-DEs	Trapz	1.58s	1.60s	1.94s	2.30s
	SIRK-3A	1.37s	1.34s	1.31s	1.38s
NW-AEs	Trapz	65.20s	65.34s	78.69s	78.73s
	SIRK-3A	64.90s	65.61s	78.94s	79.18s

模块	方法	案例 1	案例 2	案例 3	案例 4
Extra	Trapz	81.01s	81.02s	81.14s	81.01s
	SIRK-3A	81.01s	81.02s	81.14s	81.01s

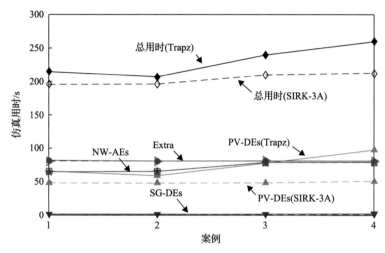

图 3.18　不同模块的仿真用时对比

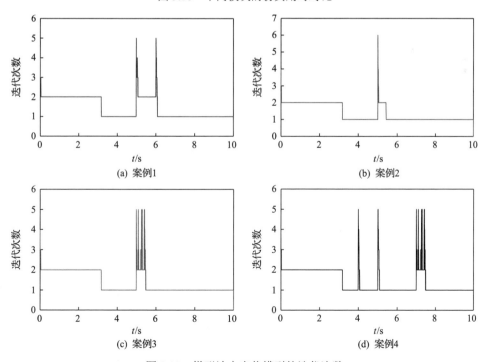

图 3.19　梯形法中光伏模型的迭代次数

　　4个仿真场景中，场景1和场景2属于小扰动类型，场景3和场景4包含大扰动类型，即三相接地短路故障。由图3.18可以看出，SIRK-3A方法的仿真用时在不同扰动场景下基本保持不变，然而采用梯形法时不同扰动场景下仿真时间存在较大差异。对比不同模块的仿真用时，在求解光伏模型时(PV-DEs)，SIRK-3A相比梯形法有明显的优势，这是因为光伏模型具有较强的非线性，采用梯形法求解时每一步都需要进行迭代计算。采用梯形法求解时不同仿真场景下光伏模型的迭代次数如图3.19所示，在小扰动场景下，迭代次数相对较少，采用SIRK-3A方法求解PV-DEs的时间相比梯形法能够平均提升20%左右，总时间能够平均提升约7%；在大扰动场景下，由于系统变量变化更加剧烈，采用梯形法求解时需要更多次数的迭代计算，此外，当扰动次数增加时，梯形法的迭代次数进一步增加。因此，在场景3和4中，SIRK-3A的光伏模型求解时间比梯形法分别提升33.8%和48%，仿真总时间分别提升12.4%和18.1%。上述方程结果表明，二级SIRK方法比梯形法更加适用于含高密度分布式电源配电网的动态仿真，并且当系统的非线性更强、扰动更加频繁时，二级SIRK能够具备更快的仿真效率。

　　2) 自适应雅可比矩阵更新策略的验证

　　为了验证前文介绍的AJMU策略的有效性，本小节将所述更新策略运用到动态仿真过程中，其中数值积分算法采用精度最高的SIRK-3A。仿真总时间为10s，步长0.1ms，仿真场景采用场景4。仿真结果如图3.20所示，图3.20(a)为采用AJMU策略($TOL=1\times10^{-5}$)和不采用AJMU策略的光伏的有功功率对比和更新标志。

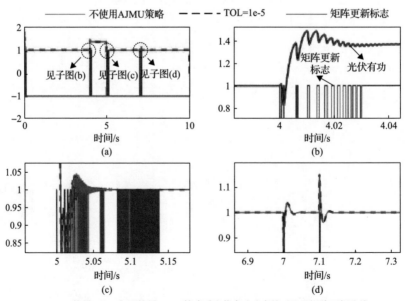

(a) 使用AJMU与不使用AJMU策略时光伏有功功率的对比及矩阵更新曲线

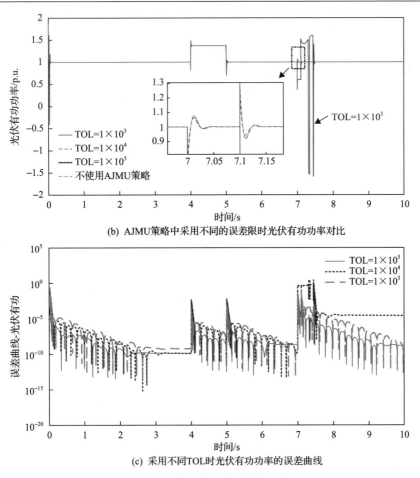

(b) AJMU策略中采用不同的误差限时光伏有功功率对比

(c) 采用不同TOL时光伏有功功率的误差曲线

图 3.20　自适应雅可比矩阵更新策略验证结果

图 3.20(b)为采用不同的误差限 TOL 时,光伏有功功率的对比及不同 TOL 下光伏有功相比于不采用 AJMU 策略的误差曲线,此误差采用方均根误差(root mean square error,RMSE)来描述。不同 TOL 的仿真用时如表 3.4 所示。

表 3.4　雅可比矩阵更新策略仿真用时对比

场景	更新时间比例		CPU 时间/s	RMSE
	无更新/%	更新/%		
无更新	100	0	212.25	/
TOL=1×10^3	87.40	12.60	164.53	0.19292
TOL=1×10^4	72.34	27.66	175.41	0.0391
TOL=1×10^5	31.51	68.49	192.95	0.0276

　　由以上仿真结果可以看出，在保证仿真结果基本一致的前提下，自适应雅可比矩阵更新策略可以实现 10%～20%左右的加速提升。另外，TOL 越大，仿真提升比例越高，但同时也会造成仿真结果误差的增加，如图中的 TOL=1×10^3 时的仿真结果所示。因此，在实际仿真中针对不同的仿真系统和仿真场景，需要设定合适的矩阵更新误差限度，在保证仿真结果正确性的同时最大限度地提升仿真效率。

　　目前，还有一类方法将基于微分方程近似解析解的动态仿真算法应用到电力系统暂态稳定性分析中，被称作半解析仿真算法，比如 Adomain 分解法[21,22]、同伦摄动法[23]、同伦分析法[24]等。半解析算法分为两个阶段的计算，离线仿真阶段和在线仿真阶段。首先，在离线阶段，基于微分方程的近似解析解法推导出系统各状态变量关于时间、初值及运行变量的函数表达式；其次，在线阶段，每个状态变量的轨迹在一定的时间窗口内就可以直接地绘制出来，减少了在线仿真阶段的计算量。然而，这种方法在离线阶段耗费大量的时间和工作量，并且方法缺乏通用性，不同的模型需要进行大量烦琐的推导计算，本书对此不做过多介绍。

3.3.3　多级变分迭代仿真算法

　　动态仿真数值计算结果的快速性和稳定性，对发电特性具有随机性的分布式发电集群规划运行控制等具有重要的意义。当前，常规的 ODEs 求解方法是数值积分算法。其基本思想是在求解时间区间上取一序列连续的时间间隔，然后在这些时间间隔上采用特定的线性化方法将 ODEs 差分化为代数方程，最后代入状态变量的初值依次求取各时间间隔端点处的状态变量值。常用的数值积分算法难以同时满足快速且稳定的仿真需求。相比传统配电网，分布式发电集群含有动态特性更快的部件；时间尺度差异更加明显，即存在刚性问题；其数学模型的阶数更高、维数更高、非线性特性更强。此外，现代智能电网的规划、运行和控制等均对分布式发电集群试验分析的响应速度提出了更高的要求。基于以上因素，分布式发电集群动态仿真性能面临了更加严峻的挑战，所以在保证精度和稳定性的前提下，有必要提出更加高效快速的仿真算法。

　　理论上，在仿真之前，如果能求出分布式发电集群的显式解析解，在仿真时带入仿真时刻就可以直接获得状态变量的瞬时值，避免了数值积分算法中复杂的迭代计算过程，这种仿真机制比数值积分方法要快得多。但在实际应用中，绝大部分的动态系统无法求出精确的解析解，出于这种原因，基于近似解析解的仿真方法也成为当前研究的热点。近些年，变分迭代法(variational iteration method，VIM)因为其突出的优点而在各种近似解析法中脱颖而出，目前已经大量应用于各种包括常微分方程组(ordinary different equations，ODEs)、偏微分方程组(partial different equations，PDEs)及微分代数方程组(different algebraic equations，DAEs)

等非线性问题的求解中。对于 ODEs 的求解，VIM 首先基于 ODEs 的原始方程构造校正泛函，然后基于变分原理唯一且最优地确定校正泛函中的待求参数，最后通过代入初始函数进行迭代以获得近似解析解。大多数应用证明，VIM 通常迭代至 2 阶近似解析解即可获得较好的精度，随着迭代次数增加，近似解析解将不断逼近于真实解。基于以上优势本书采用多级 VIM(MVIM)提升了 VIM 的收敛域，使其可以进行更长时间的仿真。本章求解了非线性刚性的分布式发电集群系统的 ODEs，获得了包括双级式光伏电站以及同步发电机的多阶近似解析解，从而建立了分布式发电集群离线近似解析解库。

1. 变分迭代法建模

分布式发电集群数学模型是一组非线性的刚性 DAEs，包含 ODEs 和代数方程组(algebraic equations，AEs)两个部分，分别如式(3.48)和式(3.49)所示：

$$\frac{dy}{dt} = f(x, y) \tag{3.48}$$

$$h(x, y) = 0 \tag{3.49}$$

式中，x 和 y 分别为代数变量和状态变量；f 和 h 表示函数，分别为 n 维和 m 维。ODEs 描述分布式发电集群中的动态元件，比如同步发电机和光伏电站的控制系统、电容、电感等元件的动态特性，AEs 描述分布式发电集群中电力网络等元件的代数约束。网络方程等非线性代数方程组采用高斯迭代法求解。此外，在仿真中 ODEs 将占据整个 DAEs 求解时间的绝大部分，因此 ODEs 求解方法在改进分布式发电集群动态仿真效率中扮演着最关键的角色。

1) 变分迭代法

为方便说明 VIM 的原理，式(3.48)的 ODEs 可以用式(3.50)表示：

$$
\begin{aligned}
&Ly(t) + Ny(t) = g(t) \\
&y(t) = [y_1(t),\ y_2(t),\ \cdots,\ y_m(t)]^T \\
&g(t) = [g_1(t),\ g_2(t),\ \cdots,\ g_m(t)]^T \\
&y(0) = [y_1(0),\ y_2(0),\ \cdots,\ y_m(0)]^T
\end{aligned}
\tag{3.50}
$$

式中，L 为线性算子；N 为非线性算子；$y(0)$ 为各状态变量的初值。

根据 VIM 有校正泛函为

$$y_{n+1}(t) = y_n(t) + \int_a^t \lambda(s)[Ly_n(s) + N\overline{y}_n(s) - g(s)]ds \tag{3.51}$$

式中，n 为迭代的次数；$\lambda(s)$ 称为一般拉格朗日乘子，在最初是一个未知函数。$\lambda(s)$ 可通过变分原理来唯一且最优的求得。$\bar{y}_n$ 表示 y_n 的限制变分，对其求变分等于 0，即 $\delta\bar{y}_n=0$，符号 δ 表示变分运算。

VIM 的求取步骤如下：步骤 1，根据分布式发电集群动态系统，建模整理为如 (3.50) 的表达式。步骤 2，根据 (3.51) 给出各个 ODE 的校正泛函。步骤 3，基于变分原理对 (3.51) 的两边求变分，并令其等于 0 以获得限制条件，然后最优地求取 $\lambda(s)$。步骤 4，将 $\lambda(s)$ 代入式 (3.51)，将状态变量的初始值作为初始迭代式开始迭代，当 n 逐渐增大时，y_n 将不断趋于真实解。下一小节将具体展示如何用 VIM 求解分布式发电集群动态部件的近似解析解。

2) 用 VIM 进行分布式发电集群动态部件的建模

以分布式发电集群常见的光伏系统和基于同步电机的 DG(SG-based DG) 来说明如何使用 VIM 求解近似解析解。其中，光伏系统选取第 2 章的双级式光伏电站的数学模型，本章沿用前两章所使用模型，其动态元件为 9 阶系统，将所有 ODEs 整理为一阶微分方程的形式：

$$di_d/dt = (\omega_s/l_f)(-u_{id} + u_{sd\_system}) + \omega_s \cdot i_q \tag{3.52}$$

$$di_q/dt = (\omega_s/l_f)(-u_{iq} + u_{sq\_system}) - \omega_s \cdot i_d \tag{3.53}$$

$$di_{dref1}/dt = u_{dcref} - u_{dc} \tag{3.54}$$

$$du_{rd1}/dt = i_{dref} - i_{d\_ctrl} \tag{3.55}$$

$$du_{rq1}/dt = i_{qref} - i_{q\_ctrl} \tag{3.56}$$

$$du_{pv}/dt = (i_{pv} - i_L)/C_{pv} \tag{3.57}$$

$$di_L/dt = [u_{pv} - (1-D)u_{dc}]/L_{dc} \tag{3.58}$$

$$du_{dc}/dt = [(1-D)i_L - i_{dc}]/C_{dc} \tag{3.59}$$

$$dD_1/dt = u_{pv} - u_m \tag{3.60}$$

式中，i_d、i_q 分别为光伏系统的实际输出电流的 d 轴和 q 轴分量；ω_s 为电网角频率；l_f 为滤波器电感；u_{id} 和 u_{iq} 分别为逆变器输出电压的 d 轴和 q 轴分量；u_{sd_system}、u_{sq_system} 分别为并网电压的 d 轴和 q 轴分量；i_{dref1} 为 d 轴电流参考值；u_{dc} 和 u_{dcref} 分别是直流侧电压及其参考值；u_{rd1}、u_{rq1} 分别为调制波的 d 轴和 q 轴分量；L_{dc} 和 C_{dc} 分别为直流斩波器的电感和电容；D 为开关的占空比；i_{dc} 和 u_{dc} 分别为直流斩波器的输出电流和输出电压，相关的具体含义可以参考第 2 章。

SG-based DG 选取应用广泛的 2 阶同步发电机数学模型进行表述，其中 ODEs 如下所示。

$$d\sigma/dt = \omega_s(\omega - 1) \tag{3.61}$$

$$d\omega/dt = [p_{m0} - p_e - D_g(\omega - 1)]/t_j \tag{3.62}$$

式中，σ 和 ω 分别为转子角和转子角速度；p_{m0} 和 p_e 分别是机械功率和电磁功率；D_g 为阻尼系数；t_j 为惯性时间常数，t_j 是反映发电机转子机械惯性的重要参数，其物理意义是当转子上实施的净转矩为额定转矩时，机组由静止到额定转速所需要的时间。

在式 (3.54)～式 (3.60) 中，只有式 (3.55) 和式 (3.56) 不与其他状态变量相互耦合，即可以直接求出解析解，而其他式子均需要进行 VIM 推导。考虑到在分布式发电集群仿真运算中，在 ODEs 中把 AEs 传过来的变量作为已知的常数，因此将用下面的 $A_1 \sim A_{10}$ 来简化上述 ODEs：

$$A_1 = \omega_s(-u_{id} + u_{sd\_system})/l_f , \quad A_2 = \omega_s(-u_{iq} + u_{sq\_system})/l_f ,$$

$$A_3 = i_{pv}/C_{pv} , \quad A_4 = -1/C_{pv} , \quad A_5 = 1/L_{dc} , \quad A_6 = (D-1)/L_{dc} ,$$

$$A_7 = (1-D)/C_{dc} , \quad A_8 = -i_{dc}/C_{dc} , \quad A_9 = (p_{m0} - p_e + D_g)/t_j , \quad A_{10} = D_g/t_j 。$$

根据 VIM 则可以列出上述 ODEs 的校正泛函，共 9 个，但因篇幅限制这里仅列出 i_d 的校正泛函，如式 (3.63) 所示，其拉格朗日乘子为 λ_1。其余 ODEs 的拉格朗日乘子为 $\lambda_2 \sim \lambda_9$ 形式：

$$i_{d(n+1)}(t) = i_{d(n)}(t) + \int_0^t \lambda_1(\tau)\left(\frac{di_{d(n)}(\tau)}{d\tau} - A_1 - \omega_s i_{q(n)}\right)d\tau \tag{3.63}$$

对上述方程两边求变分可以得到：

$$\delta i_{d(n+1)}(t) = \delta i_{d(n)}(t) + \delta\int_0^t \lambda_1(\tau)\left(\frac{di_{d(n)}(\tau)}{d\tau} - A_1 - \omega_s \bar{i}_q\right)d\tau$$

$$= \delta i_{d(n)}(t)(1 + \lambda_1|_{\tau=t}) - \int_0^t \delta i_{d(n)}(\tau)\frac{d\lambda_1(\tau)}{d\tau}d\tau \tag{3.64}$$

其中上方有横线的变量表示该变量为限制变分。

若随着迭代的进行，$i_{d(n+1)}(t)$ 的变分应该等于 0，因此令 $\delta i_{d(n+1)}(t) = 0$ 可以有

限制条件：

$$1 + \lambda_1\big|_{\tau=t} = 0, \quad \frac{\mathrm{d}\lambda_1(\tau)}{\mathrm{d}\tau} = 0 \tag{3.65}$$

从而可得 $\lambda_1 = -1$。类似地也可以计算 λ_2 到 λ_8 均等于 -1，而 ω 对应的 $\lambda_9 = -e^{A_{10}(\tau-t)}$，于是可以列出 PV 电站和 SG-based DG 中 ODEs 相应的校正泛函如下所示：

$$i_{\mathrm{d}(n+1)}(t) = i_{\mathrm{d}(n)}(t) - \int_0^t \left(\frac{\mathrm{d}i_{\mathrm{d}(n)}(\tau)}{\mathrm{d}\tau} - A_1 - \omega_s i_{\mathrm{q}(n)} \right) \mathrm{d}\tau \tag{3.66}$$

$$i_{\mathrm{q}(n+1)}(t) = i_{\mathrm{q}(n)}(t) - \int_0^t \left(\frac{\mathrm{d}i_{\mathrm{q}(n)}(\tau)}{\mathrm{d}\tau} - A_2 + \omega_s i_{\mathrm{d}(n)} \right) \mathrm{d}\tau \tag{3.67}$$

$$i_{\mathrm{dref1}(n+1)}(t) = i_{\mathrm{dref1}(n)}(t) - \int_0^t \left(\frac{\mathrm{d}i_{\mathrm{dref1}(n)}(\tau)}{\mathrm{d}\tau} - u_{\mathrm{dcref}} + u_{\mathrm{dc}(n)} \right) \mathrm{d}\tau \tag{3.68}$$

$$u_{\mathrm{pv}(n+1)}(t) = u_{\mathrm{pv}(n)}(t) - \int_0^t \left(\frac{\mathrm{d}u_{\mathrm{pv}(n)}(\tau)}{\mathrm{d}\tau} - A_3 - A_4 i_{L(n)} \right) \mathrm{d}\tau \tag{3.69}$$

$$i_{L(n+1)}(t) = i_{L(n)}(t) - \int_0^t \left(\frac{\mathrm{d}i_{L(n)}(\tau)}{\mathrm{d}\tau} - A_5 u_{\mathrm{pv}(n)} - A_6 u_{\mathrm{dc}(n)} \right) \mathrm{d}\tau \tag{3.70}$$

$$u_{\mathrm{dc}(n+1)}(t) = u_{\mathrm{dc}(n)}(t) - \int_0^t \left(\frac{\mathrm{d}u_{\mathrm{dc}(n)}(\tau)}{\mathrm{d}\tau} - A_7 i_{L(n)} - A_8 \right) \mathrm{d}\tau \tag{3.71}$$

$$D_{1(n+1)}(t) = D_{1(n)}(t) - \int_0^t \left(\frac{\mathrm{d}D_{1(n)}(\tau)}{\mathrm{d}\tau} - u_{\mathrm{pv}(n)} + u_{\mathrm{m}} \right) \mathrm{d}\tau \tag{3.72}$$

$$\sigma_{(n+1)}(t) = \sigma_{(n)}(t) - \int_0^t \left(\frac{\mathrm{d}\sigma_{(n)}(\tau)}{\mathrm{d}\tau} - \omega_s \omega_{(n)} + \omega_s \right) \mathrm{d}\tau \tag{3.73}$$

$$\omega_{(n+1)}(t) = \omega_{(n)}(t) - \int_0^t e^{A_{10}(\tau-t)} \left(\frac{\mathrm{d}\omega_{(n)}(\tau)}{\mathrm{d}\tau} - A_9 + A_{10}\omega_{(n)}(\tau) \right) \mathrm{d}\tau \tag{3.74}$$

利用这些校正泛函，给其代入初始迭代函数，即可得到不同阶的近似解析解。本章令状态变量的初值为初始迭代函数，设式(3.52)~式(3.60)各状态变量(除 u_{rd1}

和 u_{rq1} 之外)的初值依次为 $\{I_d, I_q, I_{dref1}, U_{pv}, I_L, U_{dc}, D_{1(0)}, \sigma_0, \omega_0\}$。经过推导可以求出 1 阶近似解析解：

$$i_{d(1)}(t) = I_d + (A_1 + \omega_s I_q)t \tag{3.75}$$

$$i_{q(1)}(t) = I_q + (A_2 - \omega_s I_d)t \tag{3.76}$$

$$i_{dref1(1)}(t) = I_{dref1} + (u_{dcref} - U_{dc})t \tag{3.77}$$

$$u_{pv(1)}(t) = U_{pv} + (A_3 + A_4 I_L)t \tag{3.78}$$

$$i_{L(1)}(t) = I_L + (A_5 U_{pv} + A_6 U_{dc})t \tag{3.79}$$

$$u_{dc(1)}(t) = U_{dc} + (A_7 I_L + A_8)t \tag{3.80}$$

$$D_{1(1)}(t) = D_{1(0)} + (U_{pv} - u_m)t \tag{3.81}$$

$$\sigma_{(1)}(t) = \sigma_{(0)} + (\omega_s \omega_{(0)} - \omega_s)t \tag{3.82}$$

$$\omega_{(1)}(t) = \omega_{(0)} + \left(\omega_{(0)} - \frac{A_9}{A_{10}}\right)(e^{-A_{10}t} - 1) \tag{3.83}$$

类似地，将 1 阶近似解析解代入校正泛函，继续迭代可以获得更高阶的近似解析解。然而，仅仅求出 ODEs 的各阶近似解析解并不足以在实际仿真中应用，因为其收敛域有限不足以覆盖整个分布式发电集群仿真区间。因此，为增加方法的实用性，在下一节将基于 VIM 引入多级机制，从而提出多级 VIM(MVIM)来覆盖整个仿真区间。

2. 基于 MVIM 的分布式发电集群仿真流程

应用 MVIM 进行分布式发电集群动态仿真的流程分为两个部分，初始化阶段和动态过程计算阶段。前者的主要是为了获得分布式发电集群中所有状态变量的初值，后者的主要目的是根据获得的初值计算出仿真时段内每一时刻的状态变量值。基于在仿真计算中是否同时处理 ODEs 和 AEs，可以将 DAEs 的仿真计算分为联立求解和交替求解两种。根据第 2 章的内容，由于联立求解将会遇到大型高维矩阵的计算，对仿真平台的计算性能要求极高，不利于开展大型分布式发电集群动态仿真研究。因此，本章使用在单个仿真时步上计算负担较轻的交替求解进行仿真。

1) 初始化阶段

步骤 A.1 输入分布式发电集群的系统参数。包括母线和线路的参数、光伏电站和 SG-based DG 的参数以及所在母线的位置、系统频率 f_{grid} 及系统的基准电压和基准容量。

步骤 A.2 进行潮流计算。获得整个系统的稳态值矩阵，包括母线电压 $u_{xy} = u_x + j \cdot u_y$，负荷的节点功率 $s_1 = p_1 + j \cdot q_1$ 以及 DG 的节点注入功率 $s_g = p_g + j \cdot q_g$ 等。随后基于潮流结果，按照下面的公式计算负荷等值并联导纳 y_{load}，并形成计及负荷的系统导纳矩阵 Y。

$$y_{load} = \frac{p_1 - jq_1}{u^2} \tag{3.84}$$

式中，u 为负荷节点电压的幅值。

步骤 A.3 根据发电机和光伏系统的物理特性计算所有 ODEs 状态变量的初值。由于篇幅所限，本节主要以 SG-based DG 为例进行说明，光伏系统的计算与之类似。分布式发电集群受到扰动之前，根据潮流计算可以知道各个 SG-based DG 的节点注入功率和节点电压，于是可以计算 SG-based DG 的注入电流：

$$i_{xy} = i_x + j \cdot i_y = \frac{p_g - j \cdot q_g}{u_x - j \cdot u_y} \tag{3.85}$$

式中，i_{xy} 为 SG-based DG 的注入电流；i_x、i_y 分别为注入电流的实部和虚部。

所以 SG-based DG 的转子角初值 δ_0 计算如下：

$$\delta_0 = \text{angle}\{u + (r_a + j \cdot x_q) \cdot i_{xy}\} \tag{3.86}$$

式中，r_a 为 SG-based DG 的定子绕组电阻；x_q 为 SG-based DG 的 q 轴同步电抗。

此外，所有 SG-based DG 的转速初值 ω_0 设置为 1。

步骤 A.4 输入仿真时序数据。包括仿真总时间 t_{sum}，仿真步长 h，第 i 个扰动事件的开始时刻 t_{start} 和结束时刻 t_{end}，其中 $i=1,2,3,\cdots$。

2) 动态过程计算阶段

动态仿真的本质是计算仿真时间内每一个时刻的分布式发电集群中 ODEs 的状态变量值，除去初始时刻，共需要进行 $K_{sum} = t_{sum}/h$ 个仿真时步的计算。对于某一具体的仿真时步 $k = 1,2,\cdots,K_{sum}$，其计算可以分为 3 个步骤进行。

步骤 B.1 计算 k 时刻的节点注入电流和节点电压。

为方便说明，给出 SG-based DG 和光伏电站的并网等值电路如图 3.21 所示。其中前者由一个等值电流源和一个等值导纳矩阵组成，而后者仅用一个电流源等值。在动态过程中，ODEs 中状态变量的变化会引起节点注入电流 i_{xy} 及发电机等值导纳矩阵 Y_G 的变化，因此要重新计算 k 时刻的节点电压。

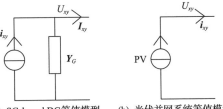

(a) SG-based DG等值模型　　　(b) 光伏并网系统等值模型

图 3.21　分布式发电集群动态仿真中 DG 的并网等值电路

首先需要求取 SG-based DG 的虚拟注入电流 i_{xy} 和等值导纳矩阵 Y_G。为方便后续节点电压的计算，Y_G 要被并入 Y 形成新的系统导纳矩阵 Y'，从而可以将虚拟电流 i_{xy} 看作新的节点注入电流，计算如下：

$$\begin{bmatrix} i_x \\ i_y \end{bmatrix} = \begin{bmatrix} b_x \\ g_y \end{bmatrix} E'_q \tag{3.87}$$

式中，E'_q 为暂态电势。导纳 b_x、g_y 的计算如下：

$$b_x = \frac{r_a \cos \delta + x_q \sin \delta}{r_a^2 + x'_d \cdot x_q}, \quad g_y = \frac{r_a \sin \delta - x_q \cos \delta}{r_a^2 + x'_d \cdot x_q} \tag{3.88}$$

$$E'_q = u_q + r_a \cdot i_q + x'_d \cdot i_d \tag{3.89}$$

式中，x'_d 为次同步电抗；x_q 为 q 轴同步电抗；r_a 为定子绕组电阻；i_d 和 i_q 为节点注入电流 i_{xy} 经过 dq 坐标变换后的 d 轴和 q 轴分量；u_q 为稳态时节点电压 v 的 q 轴分量。

Y_G 的计算如下：

$$\boldsymbol{Y}_G = \begin{bmatrix} G_x & B_x \\ G_y & B_y \end{bmatrix} = \begin{bmatrix} \dfrac{r_a - (x'_d - x_q) \sin \delta \cdot \cos \delta}{r_a^2 + x'_d \cdot x_q} & \dfrac{x'_d \cos(\delta)^2 + x_q \sin(\delta)^2}{r_a^2 + x'_d \cdot x_q} \\ \dfrac{r_a + (x'_d - x_q) \sin \delta \cdot \cos \delta}{r_a^2 + x'_d \cdot x_q} & \dfrac{-x'_d \sin(\delta)^2 - x_q \cos(\delta)^2}{r_a^2 + x'_d \cdot x_q} \end{bmatrix} \tag{3.90}$$

对于光伏系统而言，直接将上一时刻的 i_d 和 i_q 作为光伏接入节点的注入电流 i_{xy}，这是因为 i_d 和 i_q 均为光伏系统 ODEs 的状态变量，而状态变量是不会突变的。

如系统遇到扰动事件，就在本步骤中更新整个系统的导纳矩阵 Y' 即可。最后，综合各个 DG 的注入电流 i_{xy} 及计及 Y_G 和扰动事件的系统导纳矩阵 Y'，使用高斯迭代计算出 k 时刻的节点电压 u_{xy}。

步骤 B.2   计算 k 时刻 ODEs 与 AEs 之间的接口量。该步骤的目的是将 ODEs 中所有的接口量计算出来，这样就可以将这些量作为已知的常数，以便于在后面的步骤来专门处理 ODEs 的计算。

根据上一步计算的 k 时刻的节点电压和电流，可以计算 SG-based DG 的接口量：

$$p_{\mathrm{m}} = p_{\mathrm{g}} + (i_x^2 + i_y^2) \cdot r_a \tag{3.91}$$

$$p_e = (u_x \cdot i_x + v_y \cdot i_y) + (i_x^2 + i_y^2) \cdot r_{\mathrm{a}} \tag{3.92}$$

类似地可以求出光伏系统的接口量包括，逆变器直流侧电流 i_{dc}，PV 阵列输出电流 i_{pv}，逆变器调制电压 U_{dq}，逆变器交流侧电压 U_{idq}。

步骤 B.3   基于上一节计算获得的各 ODEs 的近似解析解获取相应状态变量在第 k 个时段的动态轨迹，也即可以获得式(3.42)中的状态变量值 $y(k+1)$。此外，式(3.49)和式(3.50)对应的状态变量 u_{rd1} 和 u_{rq1} 可以直接求出解析解，实际应用时使用下面的公式进行仿真计算：

$$u_{\mathrm{rd1}}(k+1) = (i_{\mathrm{dref}} - i_{d\_\mathrm{ctrl}})h + u_{\mathrm{rd1}}(k) \tag{3.93}$$

$$u_{\mathrm{rq1}}(k+1) = (i_{\mathrm{qref}} - i_{q\_\mathrm{ctrl}})h + u_{\mathrm{rq1}}(k) \tag{3.94}$$

重复步骤 B.1～B.3，直至完成 K_{sum} 个仿真时步的计算，由于将 VIM 求得的近似解析解重复应用在 K_{sum} 个仿真时步上，从而扩大了传统 VIM 的收敛域。本章将这种引入多级机制的 VIM 称为 MVIM，基于第 n 阶近似解析解进行分布式发电集群动态仿真的算法被称为 MVIM-n。为了更加清晰地表达在分布式发电集群中进行 MVIM 仿真的思路，给出其流程图如图 3.22 所示。

3. 仿真算例

用两个测试系统来验证所提出方法的有效性和突出的性能。第一个系统是一个改造的 33 节点配网系统，主要用于验证所提出方法在数值稳定性和准确性方面的有效性。第二个系统是一个实际大型配网系统，主要用于验证所提出方法在仿真效率方面的优越性。所提出的方法与目前商用软件中常用的数值积分算法，即改进欧拉法和隐式梯形法，进行了对比。本节仿真均在 MATLAB R2016b 软件中进行，所使用的 PC 机配置为：Intel(R) CPU I7-6500U、2.50GHz、RAM 8GB。

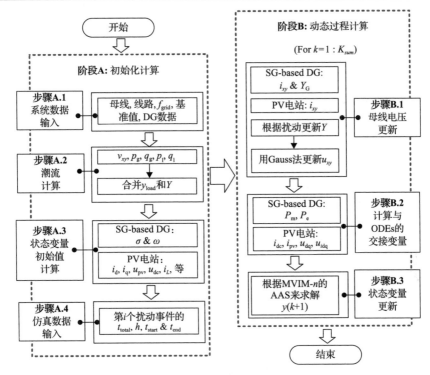

图 3.22　基于 MVIM 进行分布式发电集群动态仿真的流程图

首先，在改造的 33 节点刚性测试系统中进行仿真，系统接线示意图如图 3.13 所示。PV 和 SG-based DG 的系统参数分别如表 3.5 和表 3.6 所示，k_{op}、k_{oi}、k_{ip}、k_{ii} 分别为光伏逆变器外环和内环控制器的比例和积分控制常数，D_g 为 SG-based DG 的阻尼系数，两种 DG 的总容量分别为 2062.56kV·A 和 331.27kV·A，该系统的分布式电源的渗透率为 42.1%。此外，PV 受扰动后其电气量的动态过程持续时间小于 100ms，而两台 SG-based DG 在受到扰动后其电气量动态过程持续时间小于 6s，

表 3.5　双级式 PV 电站参数

C_{pv}/F	L_{dc}/H	C_{dc}/F	L_f/H	k_p
1×10^{-4}	5×10^{-4}	5×10^{-3}	5×10^{-3}	1×10^{-3}
A_{Di}	k_{op}	k_{oi}	k_{ip}	k_{ii}
1×10^{-2}	2	50	2	50

表 3.6　SG-based DG 参数

	t_j (s)	x'_d	x_q	D_g
SG1	5.91	0.0608	0.0969	50
SG2	6.05	0.0608	0.0969	50

两种 DG 动态过程的持续时间数值差距巨大，因此，该系统是一个高 DG 渗透率的强刚性配电网。

1）算法稳定性验证

将所提方法分别与 ME 和 Trapz 在不同的仿真步长下进行了对比，以验证所提方法的稳定性。仿真时长设置为 2s。

当仿真步长为 0.1ms 时，一阶 MVIM（MVIM-1）在 0.4s 之后出现了数值振荡现象，其中多处母线的电压幅值以及多个 PV 的有功功率等出现大幅振荡，如图 3.23 所示。因此，后面的仿真算例中将不再使用 MVIM-1。除此之外，二阶及以上的 MVIM（MVIM-2～MVIM-5）、ME 及 Trapz 均未出现数值振荡或者发散的现象，并且仿真结果类似。

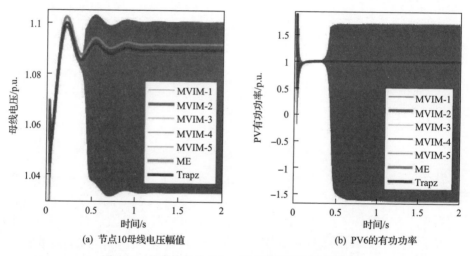

(a) 节点10母线电压幅值　　　　　　　　(b) PV6的有功功率

图 3.23　仿真步长为 0.1ms 时各算法稳定性对比 bus

逐渐增大仿真步长，当仿真步长为 0.13ms 时，使用 ME 仿真的所有母线电压幅值和部分 SG-based DG 的转子转速出现了严重的数值发散，仿真在 0.056s 时已无法进行，如图 3.24 所示。但本章方法（MVIM-2～MVIM-5）和 Trapz 依然可以保持数值稳定，仿真结果与图 3.23 类似。

进一步地，当仿真步长增大到 0.5ms 时，Trapz 也出现了数值振荡问题，但本书所提出的方法依然能保持数值稳定，结果如图 3.25 所示，图中给出了 Trapz 和 MVIM-2 的所有母线的电压幅值，以及所有光伏电站的有功功率曲线。为保证图示清晰，图中未展示仿真结果与 MVIM-2 相近的更高阶 MVIM 的仿真结果。

综合以上的结果可知，在使用较大步长时，2 阶及以上的 MVIM 的数值稳定性比 ME 和 Trapz 更好。

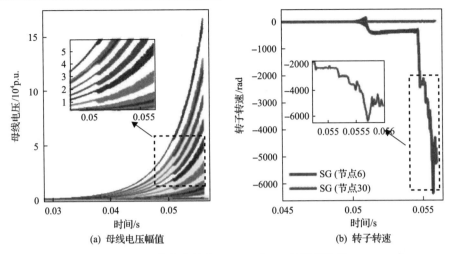

图 3.24　仿真步长为 0.13ms 时 ME 的数值发散

2) 算法准确性测试

为验证所提方法的准确性和效率，针对该系统进行了三种类型的扰动实验，包括辐照度变动、负荷变动及三相短路故障，由于 Trapz 法比 ME 法的数值稳定性更好，因此本节将所提出的 MVIM 法（MVIM-2～MVIM-5）与 Trapz 法进行了对比。所有算例的仿真时长设置为 8s，仿真步长为 0.1ms。在最初时刻，PV 电站的太阳辐照度和温度按照 STC 测试条件分别设置为 1000W/m² 和 25℃。

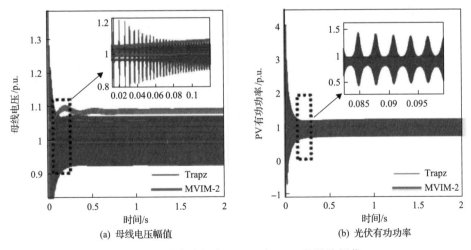

图 3.25　仿真步长为 0.5ms 时 Trapz 的数值振荡

算例 1：辐照度变动。

设置在 4s 时所有 PV 电站接收的辐照度从 1000W/m² 下降至 800W/m²，并在 0.48s 时恢复至 1000W/m²。为对比清晰，仅选取母线 10 的电压幅值以及 PV8 的有功功率进行展示，仿真结果如图 3.26 所示。

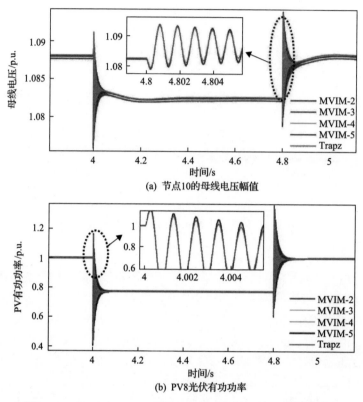

(a) 节点10的母线电压幅值

(b) PV8光伏有功功率

图 3.26　MVIM 与 Trapz 在辐照度变动算例下的仿真结果对比

算例 2：负荷变动。

设置在 4s 时，切除母线 2、3、17-20、23、24、26、27 共 10 处负荷，随后在 0.48s 时重新接上。获得 Trapz 及 MVIM-2～MVIM-5 的仿真结果如图 3.27 所示。

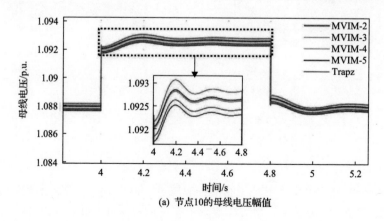

(a) 节点10的母线电压幅值

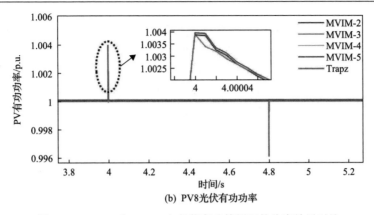

(b) PV8光伏有功功率

图 3.27　MVIM 与 Trapz 在负荷变动算例下的仿真结果对比

算例 3：三相短路故障。

设置在 4s 时，在线路 26-27 靠近节点 27 处设置发生三相短路故障，并在 4.8s 时将故障清除。获得 Trapz 及 MVIM-2～MVIM-5 的仿真结果如图 3.28 所示。

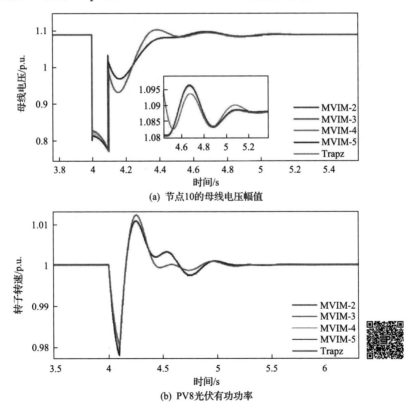

(a) 节点10的母线电压幅值

(b) PV8光伏有功功率

图 3.28　MVIM 与 Trapz 在三相短路算例下的仿真结果对比(彩图扫二维码)

在上述算例中,分别在母线 10 的电压幅值(U_{bus10})及 PV 电站 8 的有功功率(P_{pv8})方面,计算所提出的方法与 Trapz 之间的 RMSEs,如表 3.7 所示。根据表 3.7 可以得知,随着 MVIM 求得的近似解析解的阶数提高,其拟合的精度也逐渐提高。其中,相比于 MVIM-5,MVIM-2 的误差最少减少了 53.38%(即三相短路算例的 P_{pv8})。另外随着 MVIM 求得的近似解析解的阶数升高,RMSEs 值的下降趋势趋缓,其中高于 4 阶的近似解析解的精度提升较不明显。

表 3.7 所提出的算法与 Trapz 之间在算例 1–3 时的 RMSEs

算例		MVIM-2 /10^{-3}p.u.	MVIM-3 /10^{-3}p.u.	MVIM-4 /10^{-3}p.u.	MVIM-5 /10^{-3}p.u.
辐照度变动	U_{bus10}	5.297	1.591	0.956	0.816
	P_{pv8}	1.530	0.423	0.314	0.244
负荷变动	U_{bus10}	4.237	1.297	0.812	0.586
	P_{pv8}	1.151	0.349	0.232	0.207
短路故障	U_{bus10}	8.575	4.951	4.391	3.733
	P_{pv8}	5.601	3.653	3.008	2.611

记录各个算例中各种方法所需要的仿真时间,如表 3.8 所示。根据表 3.8 可知,在三种扰动算例中,本书所提出的 MVIM 所需要的仿真时间比 Trapz 更短。此外,随着近似解析解的阶数升高,MVIM 所需要的仿真时间略有提升,但最终至少比 Trapz 削减了 6.02%的仿真时间(负荷变动算例的 MVIM-5)。综合上述原因,在下一小节中选用综合性能较优的 MVIM-4 进行仿真。

表 3.8 各算法算例 1–3 的仿真时间对比

仿真算法	辐照度变动/s	负荷变动/s	三相短路/s
Trapz	245.91	243.26	259.91
MVIM-2	201.65	201.90	205.33
MVIM-3	205.68	209.99	210.46
MVIM-4	210.82	216.28	216.14
MVIM-5	221.36	228.61	232.78

3) 大规模实际配网系统测试

所用的大规模实际配网算例为安徽省金寨县的配网系统(115.87°E, 31.67°N),如图 3.29 所示。该配网为 10kV、50Hz 系统,根据电气接线与地理位置可以将该系统分为①、②、③、④ 4 个区域,该系统共含有 436 个节点、154 个中小型并网光伏电站以及 5 个小型水电站,该区域总的有功负荷为 4460kW,总的光伏装机容量为 4908kV·A，总的水电站总装机容量为 165kV·A。其中，相比于有功负荷，光伏的渗透率超过了 110%。

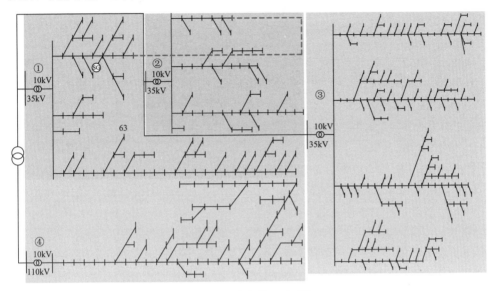

图 3.29　金寨县配网系统

仿真中光伏电站和水电站的模型分别采用前文所述的双级式光伏电站模型和经典的同步发电机二阶模型，模型的主动参数分别如表 3.5 和表 3.6 所示。在该大型系统中进行连续事件的仿真以验证所提方法的实用性，仿真的总时间设置为 5s，仿真步长为 0.1ms。所仿真的连续事件共有三起，分别设置如下。

事件 1：在 1.5s 时设置所有 PV 电站的辐照度从 1000W/m² 上升到 1300W/m²，然后在 2s 时恢复到 1000W/m²。

事件 2：在 2.5s 时将区域①中连接在节点 7 处的负荷进行切除，并在 3s 时重新接入。

事件 3：在 4s 时设置在区域①中线路 6-7 靠近节点 7 处发生三相短路故障，并在 4.1s 时清除。

根据上一小节，MVIM-4 综合具有较好的仿真稳定性、精度和模型复杂度。因此，本算例中选用 MVIM-4 与 Trapz 进行对比仿真。选取多个节点的电压幅值、多台 PV 电站的有功功率、无功功率及多台水电站的发电机转子转速的仿真结果展示如图 3.30 所示，所提出的 MVIM-4 能对 Trapz 的动态轨迹进行较为准确的追踪。

此外，本书针对该地区的大型实际配网，还应用了不同的步长对连续事件算例进行仿真，以验证本章所提出方法在仿真效率方面的优越性。在上述连续事件算例中，分别进行了步长为 0.1ms、0.2ms 及 0.4ms 的仿真。分别获得了 Trapz 与

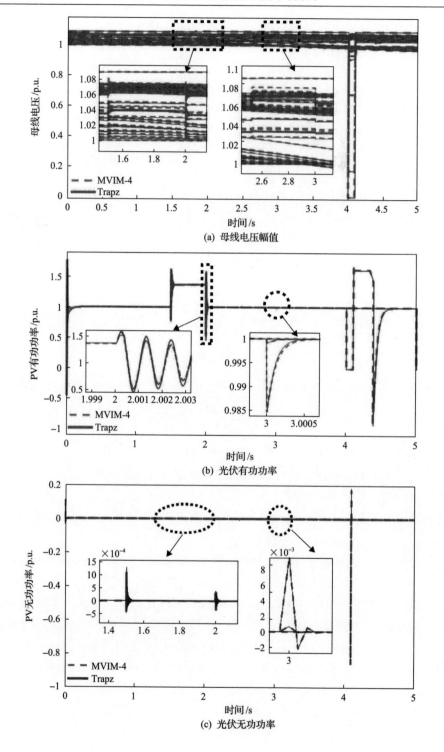

(a) 母线电压幅值

(b) 光伏有功功率

(c) 光伏无功功率

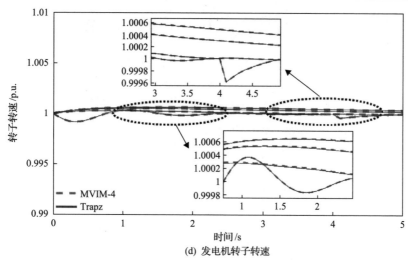

图 3.30　MVIM-4 与 Trapz 在连续事件算例下的仿真结果对比

本章所提出的 MVIM-4 的仿真时长如表 3.5 所示。根据表 3.9 的结果，MVIM-4 在 0.1ms、0.2ms 及 0.4ms 的仿真步长下，相比于 Trapz 法，其仿真时间分别缩短了 38.61%、34.30% 和 30.03%。相比于上一小节中，改造的 33 节点配网，本章所提出的方法在更大规模的配网算例中，仿真效率有了更大幅度的提升。

表 3.9　金寨地区实际配网的仿真时间　　　　　　　　（单位：s）

仿真算法	不同仿真步长的仿真时间		
	0.1ms	0.2ms	0.4ms
Trapz	2256.4	1062.6	607.3
MVIM-4	1385.1	698.1	424.9

本节针对高 DG 渗透率分布式发电集群应用环境，提出了一种基于近似解析的新型迭代方法 MVIM。该方法解决了传统数值积分方法在这种复杂的非线性刚性系统环境下，难以兼顾数值稳定性和仿真效率的迫切问题。本质上，所提出的方法求出了分布式发电集群中 ODEs 的显式近似解析解，在仿真时代入仿真时刻即可直接获得状态变量的瞬时值，从而比传统数值积分方法显著加快了仿真速度。

首先，选取了比其他近似解析法有突出优势的变分迭代算法（VIM）进行了分布式发电集群的仿真求解。相比于其他近似解析法，VIM 中的待求参数可以唯一且最优地确定，VIM 可以更快地收敛向真实解，在同样阶数下 VIM 的精度更高。紧接着，基于 VIM 的基本理论求出了分布式发电集群中双级式光伏电站及 SG-based DG 中动态元件对应的各阶近似解析解。随后，引入多级机制并给出了完整分布式发电集群动态仿真流程，从而使原始 VIM 可以满足更大时间跨度的仿真需求，因此所提出的方法被称为 MVIM。在一个改造的 33 节点配网和一个实际大型配网系统下进行了不同步长和多种扰动的仿真算例。MVIM 迭代至 2 阶近似解析解已经获得了比改进欧拉法和隐式梯形积分法更好的稳定性，随着迭代次数增加，近似解析解在精度提升的同时，所需的仿真时间增加并不明显。最终在大规模算例中，MVIM 获得了比梯形法节约至少 30.03%时间的仿真速度。

3.4　动态全过程仿真加速技术

为了解决电力系统中的多时间尺度特性造成仿真效率与数值稳定性难以兼顾的难题，研究人员已经开展大量相关的研究。首先，文献[25]～[29]提出了可变步长的数值积分算法，其仿真步长可根据不同的动态时间常数来自适应地调整，在系统受到扰动的初始阶段，系统中时间常数小的状态变量变化剧烈，此时采用小步长进行仿真以保证仿真的精度；在扰动之后的准稳态阶段，系统中时间常数较大的状态变量缓慢变化，此时可以适当增大仿真步长提高仿真效率。为了保证数值的稳定性，变步长策略一般结合隐式数值积分算法使用，但是在实际应用中发现，由于变步长策略的缺陷和不足，在系统的快变阶段所使用的步长很小[30]，同时所采用的隐式数值积分算法在每个时步内都需要进行迭代计算，所以此类算法在系统的快变阶段计算效率低下。为了解决此问题，混合型算法被提出，主要包括解耦算法[31, 32]和多速率算法[33-35]。

解耦算法首先按照系统的动态时间常数差异将系统划分为一个维数较小的刚性子系统和一个非刚性子系统；其次，针对刚性子系统采用隐式积分算法保证数值稳定性，非刚性子系统采用显式积分算法以提高仿真效率。解耦算法的关键技术在于刚性空间的识别及子系统的准确划分，当子系统解耦效果不理想时，仿真效率和仿真精度都会受到很大的影响。另外，含高密度分布式电源渗透率的配电网中，刚性空间的维数会大大增加，使解耦算法的仿真效率提升不再显著。

多速率算法首先将系统变量分解为松散耦合的几部分，然后分别采用与其动态响应时间常数相对应的步长进行计算。多速率算法一般应用于动态响应时间常数差异明显的系统，比如含有 FACTS 和感应电动机的仿真系统，其仿真效果的好坏依赖于子系统划分的好坏。此外，多速率算法中不同子系统之间相互耦合，其数据交互与同步也增加了计算量和实现的难度。文献[4]提出了一种投影积分算法来解决配电网多时间尺度造成的仿真效率低下的问题。这种算法包含一个内部积分器和外部积分器，其中内部积分器采用小步长和阶数大于二阶的显式数值积分算法求解，外部积分器采用大步长和隐式积分算法求解，但是该算法的数值稳定域有限，不具备处理刚性问题的 A-稳定性，精度一般，只具备二阶数值精度。

　　本书主要介绍两类仿真加速技术，多模型切换和自动变步长技术。多模型切换技术首先针对不同的时间尺度建立不同复杂度的模型，快动态过程采用详细模型，慢动态过程采用准稳态模型，其次在仿真过程中实现不同模型之间的自动切换，从而实现仿真的加速。自动变步长技术是在仿真过程中根据不同的动态时间常数进行仿真步长的自动调整。

3.4.1　模型切换技术

　　风电、光伏等分布式电源的仿真模型通常结构复杂，阶数高。由于不同动态元件的微分方程时间常数比较大，导致配电网仿真的方程成为刚性方程，时间常数小的微分方程解分量很快达到稳态，对系统的后续变化几乎不起作用，但由于数值求解算法稳定性较低，仿真步长仍然受到时间常数最小的解分量的限制[36]。在仿真过程中，对于时间常数较小的动态模块，如果能够在变化剧烈时期采用微分方程参与全过程仿真计算，在系统趋于平稳时切换至代数方程参与计算，则能够降低方程的刚性比和微分方程阶数，在时间常数小的解分量动态平息后采用更大步长，提升仿真速度的同时也兼顾了仿真精度[37]。

　　模型切换涉及对分布式电源建立不同的模型。不同分布式电源的结构虽然不同，但在逆变器控制方面存在相同之处。本节以双馈风电机组为例，给出动态模型和准稳态模型的建立过程。对于其他类型分布式电源，也可做类似处理。

　　1）双馈风电动态模型与准稳态模型

　　（1）转子变流器内环控制与双馈电机模型。为了与网络接口，DFIG 动态模型采用忽略定子暂态的三阶模型（电动机惯例）。电压矢量方程为

$$\begin{cases} \boldsymbol{u}_s = \boldsymbol{R}_s\, \boldsymbol{i}_s + \mathrm{j}\omega_s \boldsymbol{\psi}_s \\ \boldsymbol{u}_r = \boldsymbol{R}_r\, \boldsymbol{i}_r + \mathrm{j}s\omega_s \boldsymbol{\psi}_r + p\boldsymbol{\psi}_r / \omega_{\mathrm{eBase}} \end{cases} \tag{3.95}$$

式中，$\boldsymbol{u}_s$、$\boldsymbol{u}_r$ 分别为定、转子电压矢量；$\boldsymbol{i}_s$、$\boldsymbol{i}_r$ 分别为定、转子电流矢量；$\boldsymbol{R}_s$、$\boldsymbol{R}_r$ 分别为定、转子绕组电阻；s 为转差率。

　　磁链方程为

$$\begin{cases} \boldsymbol{\psi}_s = L_{ss}\boldsymbol{i}_s + L_m\boldsymbol{i}_r \\ \boldsymbol{\psi}_r = L_{rr}\boldsymbol{i}_r + L_m\boldsymbol{i}_s \end{cases} \tag{3.96}$$

式中，$\boldsymbol{\psi}_s$、$\boldsymbol{\psi}_r$ 分别为定、转子磁链矢量；L_{ss}、L_{rr} 分别为定、转子绕组自感；L_m 为定转子间互感。

crowbar 投入时，DFIG 模型按下式修正[38]：

$$\begin{cases} \boldsymbol{u}_{\mathrm{r}} = \boldsymbol{0} \\ R_{\mathrm{r}}(k) = R_{\mathrm{r}}(k-1) + R_{\mathrm{cb}} \end{cases} \tag{3.97}$$

式中，$R_{\mathrm{r}}(k)$ 和 $R_{\mathrm{r}}(k-1)$ 分别为撬棒投入前后的转子电阻，k 为撬棒投入时刻；R_{cb} 为撬棒电阻。

稳态下忽略内环电流控制与转子动态，得到式(3.98)所示电流源表示的 DFIG 准稳态模型[39]。

$$\boldsymbol{i}_{\mathrm{s}} = \frac{\boldsymbol{u}_{\mathrm{s}} - \mathrm{j}\omega_{\mathrm{s}} L_{\mathrm{m}} \boldsymbol{i}_{\mathrm{r}}}{R_{\mathrm{s}} + \mathrm{j}\omega_{\mathrm{s}} L_{\mathrm{s}}} \tag{3.98}$$

在转子变流器内环控制作用下，转子电流时间常数一般在毫秒级，在暂态和中长期动态仿真中可忽略其影响，采用准稳态模型。而在 crowbar 动作期间的 DFIG 退化为普通异步电机，此时转子动态时间常数较大，应采用保留转子动态的三阶模型。

(2) 转子变流器外环功率控制模型。转子变流器外环功率控制的动态模型保留详细模型中的动态环节，即通过 PI 调节器控制转子电流来控制功率输出[40]：

$$\begin{cases} i_{\mathrm{qr\_ref}} = \left(K_{\mathrm{pP}} + \dfrac{K_{\mathrm{iP}}}{s} \right)(P_{\mathrm{ref}} - P) \\ i_{\mathrm{dr\_ref}} = \left(K_{\mathrm{pQ}} + \dfrac{K_{\mathrm{iQ}}}{s} \right)(Q_{\mathrm{ref}} - Q) \end{cases} \tag{3.99}$$

在定子磁链 d 轴定向下，推导出下式输出有功和无功稳态表达式，进而可以得到转子电流的稳态值[38]。

$$\begin{cases} P_{\mathrm{g}} = R_{\mathrm{s}} i_{\mathrm{s}}^2 + R_{\mathrm{r}} i_{\mathrm{r}}^2 - \omega_{\mathrm{r}} \dfrac{\psi_{\mathrm{s}} L_{\mathrm{m}}}{L_{\mathrm{ss}}} i_{\mathrm{qr}} \\ Q_{\mathrm{s}} = \dfrac{L_{\mathrm{m}} \psi_{\mathrm{s}}}{L_{\mathrm{ss}}} \left(i_{\mathrm{dr}} - \dfrac{\psi_{\mathrm{s}}}{L_{\mathrm{m}}} \right) \end{cases} \tag{3.100}$$

式中，i_{dr}、i_{qr} 分别为转子 d、q 轴电流分量。

(3) 网侧变流器控制模型。网侧变流器外环控制目标为直流电压恒定和按照调度或 AVC 调控指令与电网交换无功，内环电流控制目标为控制输出电流来跟踪外环给定值。快动态的电流内环和耦合电感可以忽略。对于外环控制，动态模型保留详细模型中的 PI 调节[40]：

$$\begin{cases} i_{\text{dr\_ref}} = \left(K_{\text{pP}} + \dfrac{K_{\text{iP}}}{s} \right)(P_{\text{ref}} - P_{\text{g}}) \\ i_{\text{qr\_ref}} = \left(K_{\text{pQ}} + \dfrac{K_{\text{iQ}}}{s} \right)(Q_{\text{ref}} - Q_{\text{g}}) \end{cases} \tag{3.101}$$

稳态时网侧变流器有功功率 P_{c} 等于转子有功功率 P_{r}，从而在定子电压 q 轴定向下有如下关系：

$$\begin{cases} P_{\text{r}} = P_{\text{c}} = i_{\text{qc}} u_{\text{qs}} \\ Q_{\text{c}} = i_{\text{dc}} u_{\text{qs}} \end{cases} \tag{3.102}$$

式中，i_{dc}、i_{qc} 分别为网侧换流器 d、q 轴电流；Q_{c} 为网侧换流器无功。

（4）直流电压模型。直流电压准稳态模型直接用恒定值表示。直流电压的动态方程为

$$C u_{\text{dc}} \frac{\mathrm{d}u_{\text{dc}}}{\mathrm{d}t} = (P_{\text{c}} - P_{\text{r}}) S_{\text{Base}} \tag{3.103}$$

式中，C 为直流电容值；u_{dc} 为直流电压。

2）模型切换策略

对于动态与准稳态模型的自适应切换，严密而有效的转换判据是保证仿真不失真前提下提升速度的关键。双馈风电是一个存在多环反馈环节的控制系统，在扰动下，由于实际值迅速变化，给定值与实际值之间将产生偏差，经过一段动态响应后 PI 调节才能使输出再次跟踪上给定，或持续无法跟踪而出现振荡、切机等情况。因此，实际值是否能持续跟踪上给定值可以作为判断系统是否达到稳定的依据。在模型切换中，通过将偏差量与设定阈值进行比较，实现切换时刻判断。具体的切换策略如图 3.31 所示。

图 3.31 中，v^* 为受控变量给定值，v 为受控变量实际值，p 为输出量，$|e|$ 为偏差量的绝对值，δ 为设定的精度阈值，T_{delay} 为切换延时，F 为模型切换标志位。

假定仿真当前时刻为稳态，此时偏差量 $|e|$ 小于精度阈值 δ，F 为 0，调用准稳态模型进行仿真计算，并将动态模型闭锁；若系统出现大扰动，$|e|$ 大于 δ，F 为 1，则调用动态模型进行仿真，直到实际值 v 能够跟踪上给定指令 v^*。为了确保系统在达到稳定时切换，设置关断延时 T_{delay}，即在 $|e|$ 小于 δ 一段时间后再切入准稳态模型计算。调用动态模型时，其初始值根据准稳态模型的对应值计算，从而避免

在切换处产生较大冲击。

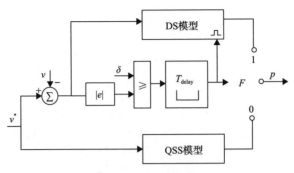

图 3.31　模型切换框图

对于转子变流器及其控制 DFIG、网侧变流器控制模型的切换，图 3.31 中的 v^* 分别取对应的功率指令、直流电压指令，v 分别取功率、直流电压；对于直流电压模型的切换，v^* 取为直流电压给定值，$|e|$ 取为 $|P_c-P_r|$。

含双馈风电的动态全过程仿真流程如图 3.32 所示。获得潮流计算结果并利用双馈风电动态模型计算出系统初值后(框②)进入动态全过程仿真。首先，求解双馈风电模型中的微分和代数方程，得到网络注入电流(框③)，进而利用注入电流求解网络代数方程得到当前时步的节点电压(框④)；进入下一时步计算前，先根据当前时步的截断误差进行变步长处理(框⑦)，再利用节点电压和双馈风电模型数据计算出模型切换判据，选择下一步计算所用的模型，再回到(框③)进行计算。需要说明的是，无论双馈风电模型内部采用何种模型，始终与外部网络通过注入电流和节点电压进行接口计算，对外部网络计算步骤无影响。

3.4.2　变步长技术

3.3 节给出了微分方程的数值积分方法。较小的步长可以在一定程度上提高数值解精度，但步长并非越小越好，步长过小会带来以下问题。

(1)仿真速度变慢。对于一定的仿真区间，步长越小，意味着仿真步数越多，计算量越大，导致计算速度的急剧下降。

(2)扩大累积误差。由于数值解的每一步都有舍入误差，减小步长会增加仿真步数，相应地会使舍入误差叠加得更大，且传递次数增多，最终形成较大的累积误差。

由于微分方程解分量是时变的，步长对解分量的精度有很大影响。当系统中状态量变化较为剧烈时，应采用小步长，保证仿真精度。而当系统中快变量已经衰减至平稳时，则可采用更大步长，加快仿真速度。

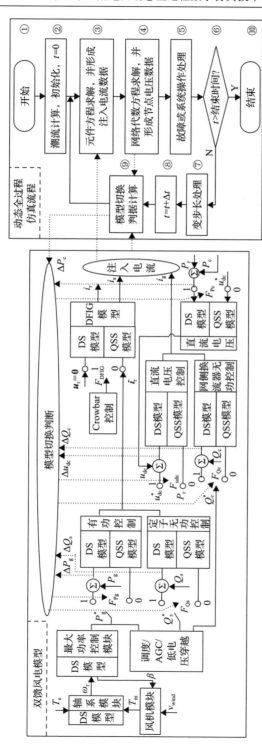

图3.32　含双馈风电的动态全过程仿真框图

    一种较为简单的变步长方法是二分法变步长[41]。假定当前步长为 h，首先以步长 h 进行一步计算，再以 $h/2$ 步长进行两步计算，比较两次计算结果差值是否在给定精度范围内。若满足，则可以步长 $h/2$ 进行一步计算，与以步长 h 进行两步计算的结果比较；若在精度范围内，可继续放大步长，直到达到给定精度的临界处。在确定临界步长后，可以该步长进行几步计算。可以看出，二分法变步长法编程简单，但计算量较大，而且确定步长后连续几步采用该步长，对于数值稳定性不高的仿真算法可能导致很大的仿真偏差，因此二分法对数值稳定性的要求较高。

    变步长的原则就是数值计算的误差不会超过给定精度，误差可以通过数值积分方法的截断误差来衡量，即每步的截断误差小于容许误差。下面以隐式梯形积分法为例，给出截断误差的计算过程，其他积分方法的截断误差也可依此计算。

    对于微分方程：

$$x' = f(x,t) \tag{3.104}$$

截断误差公式为

$$R_{i+1} = -\frac{1}{12} x^{(3)}(\xi_i)h^3, \quad x_i < \xi_i < x_{i+1} \tag{3.105}$$

第 n 时步下，上式中的 $x^{(3)}(\xi_i)$ 可以用 $x_n^{(3)}$ 近似，从而局部截断误差表示为

$$E_n = -\frac{1}{12} x_n^{(3)} h^3 \tag{3.106}$$

用 $x_n^{(k)}$ 的差分来估计 $x_n^{(k+1)}$，从而可得到式所示的估计公式，进而截断误差可根据前几步的值计算出来。

$$
\begin{aligned}
x_n^{(3)} &= \frac{x_n^{(2)} - x_{n-1}^{(2)}}{h} \\
&= \frac{\dfrac{x_n^{(2)} - x_{n-1}^{(2)}}{h} - \dfrac{x_{n-1}^{(1)} - x_{n-2}^{(1)}}{h}}{h} \\
&= \frac{f(x_n,t_n) - 2f(x_{n-1},t_{n-1}) + f(x_{n-2},t_{n-2})}{h^2}
\end{aligned}
\tag{3.107}
$$

3.5 动态-电磁混合仿真

3.5.1 混合仿真需求分析

    随着区域电网之间互联的增加，电网规模变得越来越大，大量的分布式可再生能源发电设备、储能设备等电力电子设备接入到电网中，使电网运行特性和控

制特性变得非常复杂，电力系统的强非线性特性日益突出[42,43]。电力系统发展的新趋势对于仿真提出了更高的要求。由于电力电子设备开关频率越来越高，从几千赫兹到几万赫兹甚至更高，电力电子设备仿真的计算步长越来越小。而电磁暂态过程通常变化较快，一般分析和计算持续时间在毫秒级以内的电压、电流瞬时值变化情况，响应频率往往高达几千赫兹，所以可以将电力电子设备仿真的动态过程类比为电磁暂态过程。接入了大规模电力电子设备的电力系统仿真要求在仿真过程中，既可以仿真大规模互联网络的动态过程，也可以模拟局部快速变化的电力电子装置的电磁暂态过程，还可以准确地仿真局部电网间、大区域和局部系统的交互作用。传统的动态和电磁暂态仿真无法同时兼顾其接入交流大电网后和交流系统的交互作用及详细的变流器内部物理特性[44-46]。传统动态仿真采用准稳态模型，只能处理基波分量，忽略了电力电子器件的快速动态过程，不能准确地模拟系统中局部快速变化的过程。由于仿真速度和仿真规模的限制，电磁暂态仿真不能进行全系统仿真，即使将规模较大的交流系统作等值简化处理，由于原网络失去了一些固有特性，也会降低仿真结构的准确性和精确度。

　　传统的动态模型和直流准稳态模型已经不能满足精确分析交直流复杂系统的需要，应建立更准确的动态和电磁暂态混合模型。兼顾动态便于进行大系统分析优点的同时，电磁暂态程序可对直流非线性元件精确描述，揭示直流非线性元件在大系统中的影响作用，如换相失败[47,48]、自激振荡[49]、谐波不稳定[50]等现象。动态和电磁暂态混合仿真为大型系统的精确分析和采取相关的措施提供有力的手段和工具同时，建立混合模型也推动了电力电子设备对系统的影响和作用及其控制策略研究的发展。因此，将电磁暂态计算与动态计算进行混合仿真，在一次仿真过程中同时实现对大规模电力系统的动态仿真和局部网络的电磁暂态仿真，具有重要的理论价值和现实意义。

　　如表 3.10 所示，动态与电磁暂态之间由于仿真目的不同，两类暂态过程仿真在变量表示、仿真时间范围、模型建立等方面都存在差异，具体包括 4 个方面。

表 3.10　动态仿真方法与电磁暂态仿真方法比较

	电磁暂态仿真	动态仿真
定义	持续时间为纳秒、微秒、毫秒的快速暂态过程	持续时间为几秒钟、几分钟的暂态过程
仿真变量表示	瞬时值	基频相量有效值
仿真条件	不限，可以模拟高次谐波叠加、三相不对称、波形畸变等	基于三相对称、工频正弦波假设条件
动态元件模拟方式	仿真的计算元件模型采用微分方程或偏微分方程来描述，基于三相瞬时值的表达方式和对称矩阵求解，模型描述较为具体和详细，求解过程烦琐、复杂	仿真的计算元件模型都采用基波相量来描述，基于序分解理论将系统分成相互解耦的正、负、零序网络后分别求解，它只能反映工频或者相近频率范围上的系统运行状况
仿真计算步长	微秒级（50μs）	毫秒级（10ms）

（1）电磁暂态仿真通常描述过程持续时间在纳秒、微秒、毫秒级的系统快速暂态特性，典型计算步长为 50μs；而动态仿真通常描述过程持续时间在几秒到几十秒的系统暂态稳定特性，典型计算步长为 10ms。可以看出，电磁暂态与动态仿真的典型计算步长相差 200 倍。

（2）电磁暂态计算采用 A、B、C 三相瞬时值表示，可以描述系统三相不对称、波形畸变以及高次谐波叠加等特性；动态计算基于工频正弦波假设条件，将系统由三相网络经过线性变换转换为相互解耦的正、负、零序网络分别计算，系统变量采用基波相量表示，因此，动态仿真只能反映系统工频特性及低频振荡等特性。

（3）电磁暂态计算元件模型采用网络中广泛存在的电容、电感等元件构成的微分方程或偏微分方程描述；而在动态计算中，系统元件模型采用相量方程线性表示。相对于电磁暂态模型，动态仿真模型都根据仿真条件做了一定程度的简化。

（4）从直流系统的仿真来看，电磁暂态仿真中变流器的每个阀臂均采用可控硅开关模型，并考虑缓冲电路的影响，可以详细模拟交流系统发生不对称故障后三相电压不平衡情况下变流阀的工作情况，包括换相失败工况等；动态仿真多采用准稳态模型模拟，其中变流器（包括整流器和逆变器）本身的暂态过程忽略不计，以稳态方程式表示，因此，对于不对称故障对变流器的影响、逆变器的换相失败等现象都不能准确模拟。正是由于动态仿真与电磁暂态仿真之间存在很多不同，为了既可以仿真大规模互联网络的动态过程，也可以模拟局部快速变化的电力电子装置的电磁暂态过程，需要混合仿真接口实现两类仿真过程平滑连接，同时又必须充分体现两类仿真网络的动态特性。图 3.33 所示为动态-电磁暂态混合仿真接口示意图，用于连接动态仿真系统与电磁暂态仿真系统，并实现不同仿真过程的数据交互。

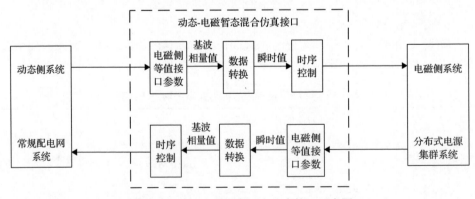

图 3.33　动态-电磁暂态混合仿真接口示意图

3.5.2　动态-电磁混合仿真方法

电力系统网络解耦方法主要包含网络等值与架空线路解耦两种策略。其中，网络等值是指在实现网络划分后，单个子系统进行仿真计算时，其他子系统以等值电路的形式并入该子系统。因此，对于网络等值的并行思路，只要能够构建合理的等值网络模型，各子系统的边界节点理论上没有限制，可以任意选取。典型的网络等值方法包含多区域戴维南等值方法[51-53]、频率相关网络等值方法[54,55]以及基于动态相量建模的等值方法[56,57]，其中，多区域戴维南等值方法是在"Diakoptics"结构[58]和修正节点分析法[59]基础上提出，将大规模电力系统分割成多个部分，各子系统独立完成整个网络的求解；频率相关网络等值方法能够实现对系统暂态过程中高频分量的高精度模拟，有效提高配电网动态仿真精度；基于动态相量建模的等值方法将动态相量模型引入并行仿真数据交互接口，同样具更宽的频域适应性。

对于架空输电线路解耦思路，现有文献主要基于分布参数输电线路的自然解耦特性[60-63]。与基于网络等值的解耦方法不同，它不依赖计算较为复杂的等值过程，对于较大节点规模的并行仿真来说，具有显著的效率优势，其详细方法如下。

以一根长度为 l 的单相线路为例，其单位长度的电感、电阻、对地电容、对地电导分别为 L、R、C、G。假设 x 表示从线路一端 k 到微分单元 $\mathrm{d}x$ 的距离，如图 3.34 所示。

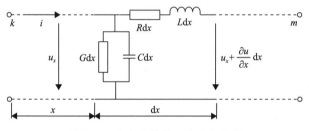

图 3.34　分布参数单导线输电线路

此时，线路微分单元 $\mathrm{d}x$ 处的电压 u 和电流 i 是 x 和时间 t 的函数，x 的正方向与电流 i 的正方向相同，此输电线路的典型分布参数模型如式 (3.108) 所示。

$$\begin{cases} I_m(t-\tau) = -\dfrac{1+k}{2}\left[\dfrac{1}{Z^*}u_k(t-\tau)+ki_{km}(t-\tau)\right] - \dfrac{1-k}{2}\left[\dfrac{1}{Z^*}u_m(t-\tau)+ki_{mk}(t-\tau)\right] \\ I_k(t-\tau) = -\dfrac{1+k}{2}\left[\dfrac{1}{Z^*}u_m(t-\tau)+ki_{mk}(t-\tau)\right] - \dfrac{1-k}{2}\left[\dfrac{1}{Z^*}u_k(t-\tau)+ki_{km}(t-\tau)\right] \end{cases}$$

$$\begin{cases} Z^* = Z_C + \dfrac{Rl}{4} \\ k = \left(Z_C - \dfrac{Rl}{4}\right)\Big/\left(Z_C + \dfrac{Rl}{4}\right) \end{cases}$$

(3.108)

式中，波阻抗 $Z_C = \sqrt{L/C}$，τ 为线路传输延时。

$$\tau = \frac{l}{v} = l\sqrt{LC} \tag{3.109}$$

式中，v 为流速度。

在配电网仿真场景下，仿真步长 h 的大小受线路时间延时 τ 的限制，即要求 $h < \tau$。然而，由式 (3.108) 可知，因为影响传输延时 τ 大小的 LC 参数及线路长度 l 是由实际线路参数所决定的，其值往往并不是仿真步长 h 的整数倍，故需要在仿真计算中引入插值算法求解 $(t-\tau)$ 时刻的仿真结果。以当前应用最为典型的线性插值为例，假设 $nh < \tau < (n+1)h$ 且 $n \in N_+$，$(t-\tau)$ 时刻历史电流项可由式 (3.110) 计算得出：

$$i(t-\tau) = i(t-nh) + (\tau - nh)\frac{i[t-(n+1)h] - i(t-nh)}{h} \tag{3.110}$$

可见，插值算法的误差会随着仿真步长的增大而增大。为了取得较为准确的插值效果，希望仿真步长满足 $h \ll \tau$，即在已知某一线路传输延时 τ 的条件下，仿真步长 h 需要尽可能小。然而，在实际配电网线路中，架空输电线路的距离往往很短，即参数 l 较小，此时线路的传输延时 τ 就会非常小。

为了解决配电网段线路场景下插值算法误差较大的问题，现有一种分段传输延时的思想，将原有线路划分为两个部分，每一部分均用 Bergeron 线路模型表示，如图 3.35 所示，但线路参数有所不同，使其中一部分的传输延时为仿真步长 h 的整数倍，并使模型整体与原线路等效。

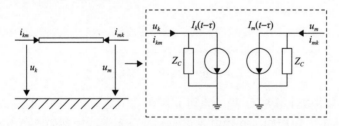

图 3.35　单相 Bergeron 模型

以单导无损传输线模型为例，如图 3.36 所示，假设每段线路的传输延时分别为 τ_1 和 τ_2，每段线路的波阻抗分别为 Z_1 和 Z_2，根据式 (3.110)，可列写方程组：

$$\begin{cases} i_{km}(t) = \dfrac{Z_1 - Z_2}{Z_1(Z_1 + Z_2)}u_k(t - 2\tau_1) - \dfrac{2}{Z_1 + Z_2}u_m(t - \tau_1 - \tau_2) \\ \quad + \dfrac{Z_1 - Z_2}{Z_1 + Z_2}i_{km}(t - 2\tau_1) - \dfrac{2Z_2}{Z_1 + Z_2}i_{mk}(t - \tau_1 - \tau_2) + \dfrac{1}{Z_1}u_k(t) \\ i_{mk}(t) = \dfrac{Z_2 - Z_1}{Z_2(Z_1 + Z_2)}u_m(t - 2\tau_2) - \dfrac{2}{Z_1 + Z_2}u_k(t - \tau_1 - \tau_2) \\ \quad + \dfrac{Z_2 - Z_1}{Z_1 + Z_2}i_{mk}(t - 2\tau_2) - \dfrac{2Z_1}{Z_1 + Z_2}i_{km}(t - \tau_1 - \tau_2) + \dfrac{1}{Z_2}u_m(t) \end{cases} \tag{3.111}$$

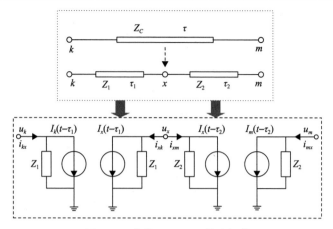

图 3.36　分段 Bergeron 线路拓扑

若式(3.111)与典型 Bergeron 线路模型等价，则可以求解确定波阻抗 Z_C 与 Z_1、Z_2 的关系，以及 τ 与 τ_1、τ_2 的关系。将上式经过拉普拉斯变换，与典型 Bergeron 模型对比，即可得

$$\begin{cases} Z_C = Z_1 = Z_2 \\ \tau = \tau_1 + \tau_2 \end{cases} \tag{3.112}$$

由式(3.112)可知，若这两段线路的波阻抗相同且等于原线路，只需保证两段线路所对应的传输延时之和等于原线路的传输延时，这两段线路将等价于原线路，此即为基于分布参数输电线路的分段传输延时模型(segmented transmission delay model，STDM)，如图 3.37 所示。

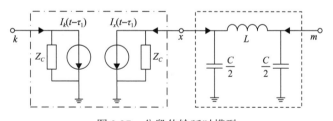

图 3.37　分段传输延时模型

模型的第一部分为一个双端口网络，其拓扑与 Bergeron 模型相似，但已不具备原 Bergeron 模型所映射线路的物理意义。在该网络中，历史项电流源所对应的时间延时为 τ_1。当 τ_1 选取为仿真步长 h 的整数倍时，即 $\tau_1 = nh$ 且 $n \in N_+$，即使不采用插值算法，每一次仿真计算所需用到的历史项仿真计算结果均为准确值，历史项电流源表达式为

$$\begin{cases} I_k(t-\tau_1) = -\dfrac{1}{Z_C}u_x(t-nh) - i_{xk}(t-nh) \\ I_x(t-\tau_1) = -\dfrac{1}{Z_C}u_k(t-nh) - i_{kx}(t-nh) \end{cases} \tag{3.113}$$

模型的第二部分为一个 PI 线路模型，在已给定第一部分双端口网络的传输延时 τ_1 后，这一部分的传输延时则可确定：

$$\tau_2 = \tau - \tau_1 \tag{3.114}$$

此时，此段线路的长度可任意给定，假设长度为 l，这段线路的单位长度电容 C 以及单位长度电感 L 便可确定：

$$\begin{cases} C = \dfrac{\tau_2}{Z_C l} \\ L = \dfrac{\tau_2 Z_C}{l} \end{cases} \tag{3.115}$$

需要强调的是，即使图 3.37 所示 STDM 的第一部分在结构上与典型 Bergeron 模型相似，但它在物理意义上与典型 Bergeron 线路有较大不同。在典型模型中，传输延时 τ 仅由线路实际参数计算得到，故该电路可以体现原始线路的物理意义。而在 STDM 中，这个双端口网络的传输延时 τ_1 由仿真程序决定，取系统仿真步长的整数倍，它并不能体现线路的原始参数信息。

基于上述分段传输延时线路的描述，典型的配电网动态-电磁混合仿真原理框架如图 3.38 所示。

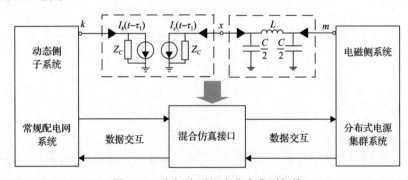

图 3.38　动态-电磁混合仿真典型架构

现选取 IEEE-123 测试馈线作为验证系统，如图 3.39 所示，它是一个较大节点规模的低压配电系统。此系统的电压等级为 4.16kV，频率为 60Hz，最大容量为 5000kV·A，给定系统电压基值 4.16kV，功率基值为 1000kV·A。若使系统在节点 35 与 135、节点 52 与 152 以及节点 101 与 197 间的架空线路进行解耦，形成 3 个子网络。此外，3 个最大出力为 250kW 的光伏阵列分别加入系统节点 90、610、83，且包含有这三个光伏阵列的子系统采用小步长电磁暂态仿真，其余子系统采用较大步长的动态仿真。在动态-电磁混合仿真场景中，同时考虑这种基于线路解耦方法的并行仿真结果(STDM)与基于多区域戴维南等值方法(MATE)的并行仿真结果，选取 3 种典型场景，将两种结果与系统未解耦条件下的系统电磁暂态仿真标准波形(SW)进行对比。

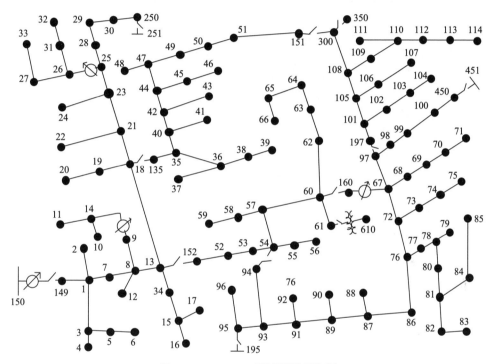

图 3.39　IEEE-123 测试馈线系统图

1) 场景一：横向故障

初始时刻，节点 18 与 135 间开关断路器断开，其余断路器闭合；仿真时间 t=0.04s，节点 52 处三相接地短路；仿真时间 t=0.06s，故障恢复。节点 52 处线电压 U_{ab}(p.u.)有效值变化曲线及该点 B 相电流波形如图 3.40 所示。

2) 场景二：纵向故障

初始时刻，节点 18 与 135 间开关断路器断开，其余断路器闭合；仿真时间 t=0.04s，节点 150 与 149 间开关断路器断开，配网因故障与主网分离，依赖三个分布式电源供电。仿真时间 t=0.06s，故障恢复。节点 149 处线电压 U_{ab}(p.u.)有效值变化曲线及流经该节点的瞬时有功功率 P(p.u.)变化曲线如图 3.41 所示。

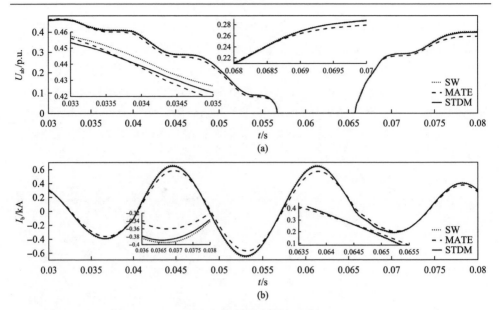

图 3.40　横向故障波形图

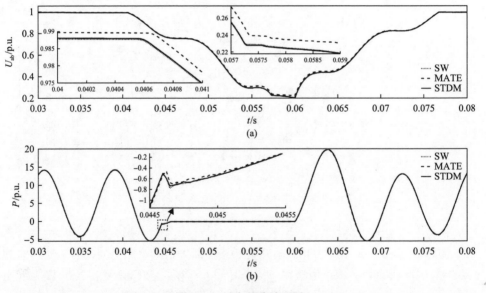

图 3.41　纵向故障波形图

3) 场景三：系统运行方式改变

初始时，节点 18 与 135 间开关断路器断开，其余断路器闭合；仿真时间 t=0.04s，节点 18 与 135 间开关断路器闭合，配网拓扑由链式结构变为环网结构。节点 18 处线电压 U_{ab}(p.u.) 有效值变化曲线及该点 B 相电压 U_b 波形如图 3.42 所示。

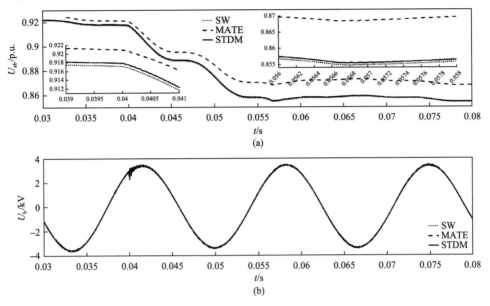

图 3.42　系统运行方式改变波形图

参 考 文 献

[1] Astic J Y, Bihain A, Jerosolimski M. The mixed Adams-BDF variable step size algorithm to simulate transient and long term phenomena in power systems[J]. IEEE Transactions on Power Systems, 1994, 9(2): 929-935.

[2] 倪以信, 陈寿孙, 张宝霖. 动态电力系统的理论和分析[M]. 北京: 清华大学出版社, 2002.

[3] 王锡凡, 方万良, 杜正春. 现代电力系统分析[M]. 北京: 科学出版社, 2003.

[4] Wang C, Yuan K, Li P, et al. A projective integration method for transient stability assessment of power systems with a high penetration of distributed generation[J]. IEEE Transactions on Smart Grid, 2018, 9(1): 386-395.

[5] 宋新立, 汤涌, 卜广全, 等. 面向大电网安全分析的电力系统全过程动态仿真技术[J]. 电网技术, 2008, 32(22): 23-28.

[6] 王成山. 微电网分析与仿真理论[M]. 北京: 科学出版社, 2014.

[7] 林智莘. 面向微电网分布式实时仿真关键技术研究[D]. 北京: 北京理工大学, 2015.

[8] 吴文辉, 曹祥麟. 电力系统电磁暂态计算与 EMTP 应用[M]. 北京: 中国水利水电出版社, 2012.

[9] 孙浩, 张曼, 陈志刚, 等. 并网光伏发电系统的通用性机电暂态模型及其与电磁暂态模型的对比分析[J]. 电力系统保护与控制, 2014(3): 128-133.

[10] 董毅峰, 王彦良, 韩偌, 等. 电力系统高效电磁暂态仿真技术综述[J]. 中国电机工程学报, 2018, 38(08): 2213-2231, 2532.

[11] 王磊, 邓新昌, 侯俊贤, 等. 适用于电磁暂态高效仿真的变流器分段广义状态空间平均模型[J]. 中国电机工程学报, 2019, 39(11): 3130-3140.

[12] Felic G, Evans R. Modelling and simulation of power converters using the FDTD-SPICE approach[C]// IEEE International Symposium on Electromagnetic Compatibility. IEEE, 2003.

[13] 顾伟, 曹阳, 柳伟, 等. 一种考虑延时的光伏阵列电磁暂态仿真改进建模方法: CN111428370A[P]. 2020-07-17.

[14] 汤涌. 电力系统稳定计算隐式积分交替求解[J]. 电网技术, 1997(2): 1-3.

[15] Dommel H W. 电力系统电磁暂态计算理论 [M]. 李永庄, 译. 北京: 水利电力出版社, 1991, 288-301.

[16] Hairer E, Wanner G. Solving Ordinary Differential Equations II: Stiff and Differential-Algebraic Problems[M]. New York: Springer-Verlag, 1996.

[17] 袁兆鼎, 费景高, 刘德贵. 刚性常微分方程初值问题数值解法[M]. 北京: 科学出版社, 1987.

[18] Rosenbrock H H. Some general implicit processes for the numerical solution of differential equations[J]. Comput. J, 1963, 5(4): 329-330.

[19] Haines C F. Implicit integration processes with error estimate for the numerical solution of differential equations[J]. Comput. J, 1969, 12(2): 183-187.

[20] Fabozzi D, Van Cutsem T. Simplified time-domain simulation of detailed long-term dynamic models[C]// IEEE Power & Energy Society General Meeting. IEEE, 2009.

[21] Fu C. High-speed extended-term time-domain simulation for online cascading analysis of power system[D]. Iowa: Iowa State University, 2011.

[22] 戴汉扬, 汤涌, 宋新立, 等. 电力系统动态仿真数值积分算法研究综述[J]. 电网技术, 2018(12): 3977-3984.

[23] Li P, Gu W, Wang L, et al. Dynamic equivalent modeling of two-staged photovoltaic power station clusters based on dynamic affinity propagation clustering algorithm[J]. International Journal of Electrical Power & Energy Systems, 2018, 95 (8): 463-475.

[24] Duan N, Sun K. Power system simulation using the multi-stage adomian decomposition method[J]. IEEE Transactions on Power Systems, 2017, 32(1): 430-441.

[25] William G C. Numerical Initial Value Problems in Ordinary Differential Equations[M]. Prentice Hall PTR, 1971.

[26] Sanchez-Gasca J J, D'Aquila R. Extended-term dynamic simulation using variable time step integration[J]. IEEE Computer Applications in Power, 1993, 6(4): 23-28.

[27] Sanchez-Gasca J J. Variable time step, Implicit integration for extended-term power system dynamic simulation[C]// IEEE/PICA Conference. IEEE, 1995.

[28] Kurita A, Okubo H, Oki K, et al. Multiple time-scale power system dynamic simulation[J]. IEEE Transactions on Power Systems. 1993, 8(1): 216-223.

[29] Stubbe M, Bihain A, Deuse J, et al. STAG-a new unified software program for the study of the dynamic behaviour of electrical power systems[J]. IEEE Transactions on Power Systems, 1989, 4(1): 129-138.

[30] 宋新立, 汤涌, 刘文焯, 等. 电力系统全过程动态仿真的组合数值积分算法研究[J]. 中国电机工程学报, 2009, 29(28): 23-29.

[31] Yang D, Member S, Ajjarapu V, et al. A decoupled time-domain simulation method via invariant subspace partition for power system analysis[J]. IEEE Transactions on Power Systems, 2006, 21(1): 11-18.

[32] 苏思敏. 基于混合积分法的电力系统暂态稳定时域仿真[J]. 电力系统保护与控制, 2008, 36(15): 56-59.

[33] Chen J, Crow M L. A variable partitioning strategy for the multirate method in power systems[J]. IEEE Transactions on Power Systems, 2008, 23(2): 259-266.

[34] 王成山, 彭克, 李琰. 一种适用于分布式发电系统的积分方法[J]. 电力系统自动化, 2011, 35(19): 28-32.

[35] Pekarek S D, Wasynczuk O, Walters E A, et al. An efficient multirate simulation technique for power-electronic-based systems[J]. IEEE Transactions on Power Systems, 2004, 19(1): 399-409.

[36] 汤涌. 电力系统全过程动态(机电暂态与中长期动态过程)仿真技术与软件研究[D]. 北京: 中国电力科学研究院, 2002.

[37] 史文博, 顾伟, 柳伟, 等. 结合模型切换和变步长算法的双馈风电建模及仿真[J]. 中国电机工程学报, 2019, 39(22): 6592-6600.

[38] 訾鹏, 周孝信, 田芳, 等. 双馈式风力发电机的机电暂态建模[J]. 中国电机工程学报, 2015, 35(05): 1106-1114.

[39] 张琛, 李征, 蔡旭, 等. 面向电力系统暂态稳定分析的双馈风电机组动态模型[J]. 中国电机工程学报, 2016, 36(20): 5449-5460, 5721.

[40] 潘学萍, 鞠平, 吴峰, 等. 双馈风电机组模型结构讨论[J]. 电力系统自动化, 2015, 39(05): 7-14.

[41] 张华军, 谢呈茜, 苏义鑫, 等. 船舶操纵运动仿真中改进变步长龙格-库塔算法[J]. 华中科技大学学报(自然科学版), 2017, 45(07): 122-126.

[42] 胡家兵, 袁小明, 程时杰. 电力电子并网装备多尺度切换控制与电力电子化电力系统多尺度暂态问题[J]. 中国电机工程学报, 2019, 39(18): 5457-5467, 5594.

[43] 康重庆, 姚良忠. 高比例可再生能源电力系统的关键科学问题与理论研究框架[J]. 电力系统自动化, 2017, 41(09): 2-11.

[44] 苗璐, 高海翔, 易杨, 等. 电力系统电磁-机电暂态混合仿真技术综述[J]. 电气应用, 2018, 37(14): 20-23.

[45] 李秋硕, 张剑, 肖湘宁, 等. 基于RTDS的机电电磁暂态混合实时仿真及其在FACTS中的应用[J]. 电工技术学报, 2012, 27(03): 219-226.

[46] 柳勇军. 电力系统机电暂态和电磁暂态混合仿真技术的研究[D]. 北京: 清华大学, 2006.

[47] 赵彤, 吕明超, 娄杰, 等. 多馈入高压直流输电系统的异常换相失败研究[J]. 电网技术, 2015, 39(03): 705-711.

[48] 王晶, 梁志峰, 江木, 等. 多馈入直流同时换相失败案例分析及仿真计算[J]. 电力系统自动化, 2015, 39(04): 141-146.

[49] 文劲宇, 孙海顺, 程时杰. 电力系统的次同步振荡问题[J]. 电力系统保护与控制, 2008(12): 1-4, 7.

[50] 樊丽娟, 穆子龙, 金小明, 等. 高压直流输电系统送端谐波不稳定问题的判据[J]. 电力系统自动化, 2012, 36(04): 62-68.

[51] Marti J R, Linares L R, Calvino J, et al. OVNI: an object approach to real-time power system simulators[C]// POWERCON '98. 1998 International Conference on Power System Technology. Proceedings (Cat. No.98EX151). Beijing, China, IEEE, 1998: 977-981.

[52] Hariri A, Faruque M O. A hybrid simulation tool for the study of PV integration impacts on distribution networks[J]. IEEE Transactions on Sustainable Energy, 2017, 8(2): 648-657.

[53] 韩佶, 董毅峰, 苗世洪, 等. 基于MATE的电力系统分网多速率电磁暂态并行仿真方法[J]. 高电压技术, 2019, 45(6): 1857-1865.

[54] 张怡, 吴文传, 张伯明, 等. 基于频率相关网络等值的电磁-机电暂态解耦混合仿真[J]. 中国电机工程学报, 2012, 32(16): 107-114.

[55] 胡一中, 吴文传, 张伯明. 采用频率相关网络等值的 RTDS-TSA 异构混合仿真平台开发[J]. 电力系统自动化, 2014, 38(16): 88-93.

[56] Shu D, Xie X, Dinavahi V, et al. Dynamic phasor based interface model for EMT and transient stability hybrid simulations[J]. IEEE Transactions on Power Systems, 2018, 33(4): 3930-3939.

[57] Shu D, Xie X, Jiang Q, et al. A novel interfacing technique for distributed hybrid simulations combining EMT and transient stability models[J]. IEEE Transactions on Power Delivery, 2018, 33(1): 130-140.

[58] Happ H H. Diakoptics and piecewise methods[J]. IEEE Transactions on Power Apparatus and Systems, 1970, PAS-89(7): 1373-1382.

[59] Ho C, Ruehli A, Brennan P. The modified nodal approach to network analysis[J]. IEEE Transactions on Circuits and Systems, 1975, 22(6): 504-509.

[60] Gustavsen B. Optimal time delay extraction for transmission line modeling[J]. IEEE Transactions on Power Delivery, 2017, 32(01): 45-54.

[61] 穆清, 李亚楼, 周孝信, 等. 基于传输线分网的并行多速率电磁暂态仿真算法[J]. 电力系统自动化, 2014, 38(07): 47-52.

[62] 程成, 孙建军, 宫金武, 等. 基于 Bergeron 等值线路的机电电磁混合仿真接口模型[J]. 电网技术, 2019, 43(11): 4034-4039.

[63] Wei S, Gu W, Liu W, et al. Segmented transmission delay based decoupling for parallel simulation of a distribution network[J]. IET Renewable Power Generation, 2021: 1-13.

第4章　配电网电力-信息混合实时仿真技术

4.1　引　　言

在电网拓扑日趋复杂、物理器件日趋多样的今天，实时仿真逐渐成为电力系统理论研究、优化设计、运行控制的重要手段[1]。区别于离线仿真，电力系统实时仿真能够极大地提高仿真效率，减少仿真时间。此外，实时仿真能够接入实际的物理装置，实现包含物理装置的混合仿真，仿真结果也更接近实际电力系统[2]。因此，针对电力系统特殊工况以及实时监控等方面的仿真测试，实时仿真越来越多地被学者所认可。

电力系统实时仿真分为 3 种方式：模拟仿真系统、数字模拟混合实时仿真系统及全数字实时仿真[3]。

模拟仿真也称物理仿真，它是一种实体仿真方法，它选取与电力系统所需元器件物理性质或几何性质相似的器件进行仿真试验。其中，物理性质相似指的是电力系统中两种动态过程具有相似的数学描述，具有一致的数学模型；几何性质相似指两个系统中不同器件具有相似的尺寸关系。采用上述方法，这种物理模型可以较为准确地描述电力系统的基本特性，同样可以根据仿真要求模拟不同的试验场景。因此，这种仿真手段的优点在于试验结果直观明了，物理意义清晰，能够较为真实地反映各实验场景的动态全过程。但缺点在于仿真成本较大，集中体现在仿真所需空间较大，模型搭建时间较长，且针对不同场景需要设置不同的仿真电路，兼容性和拓展性较差[4]。

全数字实时仿真以计算机、微处理器(central processing unit，CPU)、可编程器件(programable logic device，PLD)等作为平台，仿真系统内所包含的元器件均采用体现其物理特征的数学模型，通过预先设定好的仿真程序进行仿真试验。该仿真方法不受系统规模和复杂性的限制，能够较为灵活地定义元器件模型及设定仿真算法，仿真试验过程比物理仿真更加安全，但数字仿真的准确性依赖于元器件数学模型的准确程度及仿真算法的性能。在电网结构日益复杂的今天，全数字实时仿真的经济性和便利性显得愈加重要。目前，全数字实时仿真主要针对电力系统电磁暂态过程、机电暂态过程和长期动态过程等问题进行仿真研究。此外，机电-电磁暂态混合仿真、信息物理混合仿真等问题也逐渐成为研究的热点[5]。

数字模拟混合仿真是在纯数字实时仿真的基础上，将系统中难以准确建模的部分采用物理装置进行模拟，其余部分采用数字仿真，两种仿真过程通过混合仿真接口进行实时数据交互，从而实现数字仿真与模拟仿真的优势互补。数模混合仿真主要应用于系统动态相关控制及物理设备在环测试等领域。显然，仿真过程的准确性有赖于模拟侧与数字侧之间的精确等效，构建不同速率仿真之间的数据同步接口也是构建仿真平台的核心问题。

随着电力信息通信网络的不断完善，传统电网已经逐步演变成一个日趋复杂的电力信息深度耦合的网络，这也给电力系统安全稳定运行带来新的挑战[6,7]。仅依靠传统的针对电力物理网络的仿真分析并不能满足当下电力系统试验分析及运行控制的需求[6]。因此，有学者提出将信息和通信系统融入电力物理网络的分析，即构成基于电力网络的信息物理系统(cyber-physical system，CPS)。引用加州大学伯克利分校的 LEE 教授给出的定义进行描述：信息物理系统是通过嵌入式设备和通信网络实现对物理过程的监控，并通过物理世界的反馈实现计算进程的改进，从而达到计算过程和物理过程集成和交互的系统[9]。

依据其基本功能，信息物理系统的基本结构可描述为 3 部分，即感知层、网络层和控制层[10]。其中，感知层为 CPS 中的末端系统，主要包含多种传感器以及信息采集系统，用于收集各类环境信息；网络层需要实现数据传输和交互的功能，可以看作是信息系统与物理系统之间的桥梁；控制层主要实现对网络层所接收到的数据进行分析和处理，并将相应的结果反馈给用户及物理系统，从而实现对该系统的控制。基于上述分析，现代电力系统满足 CPS 的相关特征。同样地，可以将电力 CPS 分为 3 部分，即电力物理网络对应于感知层，包含各类电源、线路及负荷，通过对物理网络的监控获得电网的各种运行数据；电力通信网络对应于网络层，由采用不同带宽和传输协议的各类信息通信设备构成；网络信息的计算和分析对应于控制层，电网各个节点的测量信息、设备的状态信息等数据通过一系列处理手段得以深度挖掘，从而有效指导电力物理网络的运行。

因此，在信息物理相互融合的背景下，电力-信息混合实时仿真技术成为当前研究的热点。目前国内外对电力信息实时仿真技术的研究主要还集中在仿真平台的搭建上，电力信息实时仿真平台需要能实现两个仿真系统之间数据交互，两个仿真系统之间的接口充当数据缓冲区，允许使用协议(如 TCP/IP)进行实时数据包交换。电力信息实时仿真平台的优势在于能够模拟考虑通信状况的大型复杂电力系统，但是，初始设置非常耗时，而且需要多台主机以及实时仿真器才能建立实时仿真平台[11]。

4.2　多速率实时仿真接口

4.2.1　多速率仿真时序及误差分析

在高比例电力电子化设备的仿真场景中，不同元件动态过程的快慢表现出很大差异。根据元件动态特性将网络解耦为不同时间常数的子网络，并采用不同的仿真步长计算，可以大大降低仿真总计算量，提高仿真实时性能。本节对高比例电力电子化设备的网络中的多速率解耦并行计算方法展开研究。

图 4.1 反映了电磁暂态仿真以不同时序进行计算的对比，图中的箭头表示在对应时刻发生的仿真计算或数据传递过程。假设仿真计算的过程中，慢动态过程系统选择较大的仿真步长 ΔT，而快动态过程系统选择较小步长 Δt 求解。通常为便于计算和程序设计，ΔT 设置为 Δt 的整数倍，倍数以步长倍率 δ 表示(图 4.1 中 $\delta=\Delta T/\Delta t=4$)，同时将大步长与小步长系统之间的数据交互时刻设置在大步长的初始时刻。

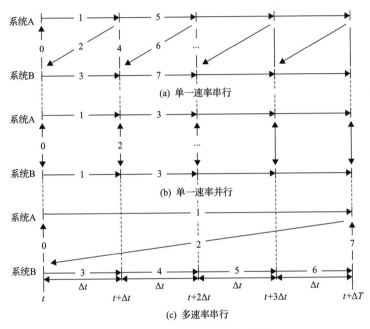

图 4.1　电磁暂态计算时序示意图

由以上交互时序的对比可知，多速率仿真在交互过程中两侧子系统由于存在步长差异，大步长侧仿真结果无法直接用于小步长侧的计算。此时，需要应用插值算法对差异步长下的数据接口进行数据补充，以满足小步长系统计算需求。对于电磁暂态仿真场景，典型的线性插值算法在工程上应用最为普遍。然而在多速率仿真场景中，典型的线性插值方法存在高频信号幅值衰减[12]和由交互时序引起的信号延时两大误差来源。

高频信号幅值衰减误差如下：假设一个多速率交互接口的步长倍率 $\delta=10$，$i_x(t)$ 和 $i_x(t+\Delta T)$ 为接口处大步长仿真系统一个交互步长 ΔT 内的相邻两次仿真结果，显然，该仿真结果无法直接应用于小步长 Δt 侧的 STDM 参数计算。此时，待插值的大步长侧仿真结果 $i_y(t+n\Delta t)$，$n \in \{1,2,\cdots,9\}$ 可通过式(4.1)表示：

$$i_y(t + n\Delta t) = i_x(t) + \frac{n}{10}\big[i_x(t + \Delta T) - i_x(t)\big] \tag{4.1}$$

若假设大步长系统在区间 $(t, t+\Delta T)$ 的准确仿真结果为 $i_x(t+n\Delta t)$，$n \in \{1, 2, \cdots, 9\}$，如图 4.2 所示，这种插值方法必然存在插值误差，且这一误差随两系统仿真步长差异倍数的增大而增加。

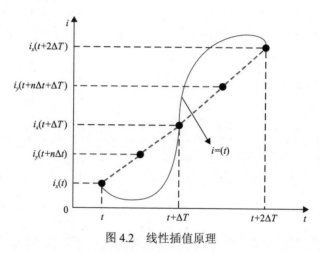

图 4.2　线性插值原理

为了进一步研究误差相关机理及量化误差大小，将式(4.1)进行 Z 变换，可得

$$I_y(z) = \left[\left(1 - \frac{n}{10}\right)z^{-1} + \frac{n}{10}\right]I_x(z) \tag{4.2}$$

此时，线性插值方法的传递函数为

$$H(z) = \left(1 - \frac{n}{10}\right)z^{-1} + \frac{n}{10} \tag{4.3}$$

令 $\omega = 2\pi f$（f 为信号频率），将 $z = \mathrm{e}^{-\mathrm{j}\omega H}$ 代入式(4.3)，式(4.3)可替换为

$$H(\mathrm{j}\omega) = \left[\left(1 - \frac{n}{10}\right)\cos\omega H + \frac{n}{10}\right] - \mathrm{j}\left(1 - \frac{n}{10}\right)\sin\omega H \tag{4.4}$$

此线性插值策略的幅值增益可表示为

$$F = |H(\mathrm{j}\omega)| = \sqrt{\left(1 - \frac{n}{10}\right)^2 + 2\cdot\frac{n}{10}\left(1 - \frac{n}{10}\right)\cos\omega H + \left(\frac{n}{10}\right)^2} \tag{4.5}$$

假设 $\Delta t = 5\mu s$、$\Delta T = 50\mu s$，离散化之后 $n \in \{0,1,2,\cdots 9,10\}$，此时幅值增益函数 $F(n, f)$ 的值随信号频率 f 增加的变化曲线如图 4.3 所示。

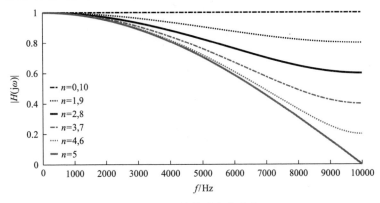

图 4.3　幅值增益变化曲线

由图 4.3 曲线可知，只要满足 $f\Delta T < 0.25$，即增益函数 $F(n,f)$ 随信号频率增加而单调递减。此外，只有当 $n=0$ 或 $n=10$，即插值点即为大步长系统已知数据点时，线性插值方法在任意信号频率下不产生误差。但除上述情况外的任意一处插值点，其插值误差均随信号频率的增加而增大。此外，当给定信号频率时，幅值增益与插值位置即有对称关系，在 $n=5$ 处的插值误差最大。

另外，多速率并行仿真交互时序中存在的信号延时也会降低仿真的准确性。由图 4.1 中的时序对比可知，将仿真时序由单一速率串行转变为多速率并行的过程中产生的计算误差具体包括以下两部分。

(1) 由串行计算时序转变为并行时序的延时误差[13]。由图 4.1 中 $t+\Delta t$ 到 $t+2\Delta t$ 时刻，系统 B 在单一速率串行与单一速率并行时序下求解的对比可以发现，在串行时序下系统 B 求解使用的系统 A 侧输入量在图 4.1 的过程 5 中计算得到，过程 6 中传递至系统 B 侧；但并行时序下求解使用的系统 A 侧输入量通过过程 1 计算得到，在过程 2 中传输至系统 B 侧。由此在串行计算时序转变为并行时序的过程中增加了一个步长的额外延迟，从而导致相应的计算误差。

(2) 由单一速率仿真转变为多速率的延时误差。由图 4.1 中单一速率串行时序与多速率串行时序的对比可以发现，在多速率串行时序下系统 B 侧小步长计算的频次高于系统 A 侧，导致在系统 B 侧并非每个小步长时刻进行求解时，采用的大步长侧输入量都是相应时刻的实际值。因此在多速率仿真中，系统 A 侧的变化对小步长的系统 B 侧求解产生的影响无法被完全体现，由此产生相应的计算误差。对于步长和步长倍率更大的系统而言，该误差的影响将更为显著。

4.2.2　多速率并行仿真接口设计

多速率并行仿真时序产生的误差本质上是由于大步长与小步长侧并行计算时，对侧的实时状态难以得到准确表示。因此可以结合外插算法对对侧实时状态进行估计，以降低多速率并行仿真时序造成的误差。外插法是一种根据已知的离散数据集合对范围外的数据进行预测的插值方法，可以利用线性外插以已知区间内的计算结果为基础对未计算时刻的结果进行估计。本节提出一种改进插值算法，通过迭代线性外插对控制系统的输出量进行预测插值，扩大其已知区间，再利用拉格朗日插值法计算慢动态系统的一个步长所对应的多个小步长时刻的状态及相应的开关状态，最终在慢动态系统的下一步长前发送到快动态系统侧，使得快动态系统求解使用的慢动态系统状态在多速率解耦并行计算的过程中产生的延迟误差得到补偿。

　　图 4.4 中的慢动态系统与快动态系统采用多速率并行计算时序同时求解，设步长分别为 ΔT 与 Δt。上方虚线和实线分别代表在 $t-\Delta T$ 到 t 时刻以及 t 到 $t+\Delta T$ 时刻慢动态系统的计算过程，定义 $v_{\mathrm{mod}}(t)$ 表示 t 时刻慢动态系统端输出，下方实线表示快动态系统状态的求解过程。在本节所提出的计算方法下，t 到 $t+\Delta T$ 时刻的计算过程如下。

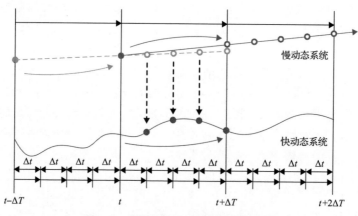

图 4.4　改进线性插值算法时序示意图

　　快动态系统：在 t 时刻接收慢动态端于 $t-\Delta T$ 至 t 时刻通过改进插值算法得到的 t 至 $t+\Delta T$ 时刻慢动态系统状态量，并以此为依据求解 t 至 $t+\Delta T$ 时刻快动态系统状态。

　　慢动态系统：

　　(1) 在 t 时刻接收快动态系统侧于 $t-\Delta T$ 到 t 时刻的求解结果。

　　(2) 计算 t 时刻慢动态系统端输出 $v_{\mathrm{mod}}(t)$。

　　(3) 结合 $v_{\mathrm{mod}}(t)$ 及先前两个大步长的慢动态系统侧输出 $v_{\mathrm{mod}}(t-\Delta T)$ 和 $v_{\mathrm{mod}}(t-2\Delta T)$，通过两次迭代线性插值计算未来两个大步长时刻的慢动态系统输出 $v_{\mathrm{mod}}(t+\Delta T)$、$v_{\mathrm{mod}}(t+2\Delta T)$：

$$
\begin{cases}
v_{\mathrm{mod}}(t+\Delta T) = \dfrac{5}{4}v_{\mathrm{mod}}(t) + \dfrac{1}{2}v_{\mathrm{mod}}(t-\Delta T) - \dfrac{3}{4}v_{\mathrm{mod}}(t-2\Delta T) \\[2mm]
v_{\mathrm{mod}}(t+2\Delta T) = \dfrac{5}{4}v_{\mathrm{mod}}(t+\Delta T) + \dfrac{1}{2}v_{\mathrm{mod}}(t) - \dfrac{3}{4}v_{\mathrm{mod}}(t-\Delta T)
\end{cases}
\tag{4.6}
$$

(4) 结合步骤 (3) 中的预测结果 $v_{\text{mod}}(t+\Delta T)$ 和 $v_{\text{mod}}(t+2\Delta T)$，利用拉格朗日插值法预测未来两个大步长间的各小步长时刻下的慢动态侧输出。

$$v_{\text{mod}}(t_i) = \sum_{k=0}^{K-1} l_k(t_i) \cdot v_{\text{mod}}(t_\lambda - k\Delta T) \tag{4.7}$$

式中，t_i 为 $t+\Delta T$ 到 $t+2\Delta T$ 时刻之间的小步长时刻，$t_i = t+\Delta T+n\Delta t$，$n = 0, 1, \cdots, \delta-1$；$t_\lambda$ 表示插值区间终点 $t+2\Delta T$；K 为插值点个数；$l_k(t_i)$ 表示 t_i 时刻的插值点 k 对应拉格朗日插值基函数的值。

(5) 在 $t+\Delta T$ 时刻向快动态系统侧发送步骤 (4) 所得到的慢动态侧计算结果。

通过以上算法，由时序转变引起的两方面延时误差得到补偿，从而提高了多速率并行仿真精度。图 4.4 中为便于说明，大小步长间的倍率 δ 以 4 为例。但在变流器慢动态与快动态系统以多速率并行时序解耦计算的实时仿真场景下，大小步长间的倍率通常更大，因此插值算法增加的计算量不至于使仿真系统的实时性能无法满足需求。

4.2.3　仿真算例

对光伏发电集群内的单台逆变器建立精细模型，验证以上多速率仿真方法的有效性。其中快动态侧实现变流器模型电气部分仿真计算，求解步长设置为 1μs；慢动态侧模拟直流侧电源和交流电网，并实现变流器控制系统的仿真计算，求解步长设置为 100μs。在两侧每个大步长计算结束后，将结果保存到临时变量中，用作对侧下一大步长仿真的输入量，以模拟多速率并行求解仿真时序。三相桥式逆变器算例如图 4.5 所示，系统参数如表 4.1 所示。

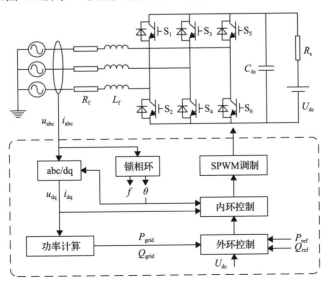

图 4.5　三相桥式逆变器算例示意图

表 4.1　逆变器算例参数设置

系统参数	数值	系统参数	数值
交流电压有效值 U_{ac}/V	400	逆变器基准功率 S_n/kV·A	100
交流侧基准频率 f/Hz	50	逆变器开关频率 f_s/kHz	5
交流侧等效电阻 R_f/Ω	0.1	滤波时间常数 T_0	0.02
交流侧滤波电感 L_f/mH	8	外环功率控制比例系数 k_{pP}/k_{pQ}	50
直流侧电压 U_{dc}/V	1000	外环功率控制积分系数 k_{iP}/k_{iQ}	0.02
直流侧等效电阻 R_s/Ω	0.01	内环电流控制比例系数 k_{pId}/k_{pIq}	5
直流侧滤波电容 C_{dc}/μF	5000	内环电流控制积分系数 k_{iId}/k_{iIq}	10

　　图中 $S_1 \sim S_6$ 为逆变器开关元件；u_{abc}、i_{abc}、u_{dq} 和 i_{dq} 分别为 dq 变换前后的逆变器交流侧电压和电流；U_{dc} 为逆变器直流侧电压；f 和 θ 为交流侧电压频率及相位；P_{grid} 和 Q_{grid} 为逆变器输出的有功和无功功率；P_{ref} 和 Q_{ref} 分别为恒功率控制的有功和无功功率参考值。

　　分别模拟基于改进插值法的多速率并行时序(EP-ON)和无插值预测的多速率并行时序(EP-OFF)在以下 2 种场景下对仿真平台进行测试，并在采用单一速率串行时序计算的离线仿真平台 PSCAD/EMTDC 中搭建等效模型进行步长为 1μs 的仿真作为对照。

1. 场景 A

　　设控制系统 P_{ref} 为 50kW，Q_{ref} 为 0kvar，5.5s 时交流侧 BC 两相发生接地短路故障，0.1s 后故障消除，得到仿真结果如图 4.6 所示。

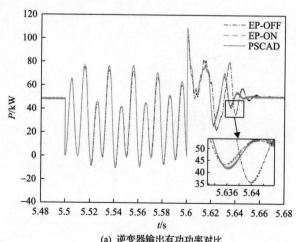

(a) 逆变器输出有功功率对比

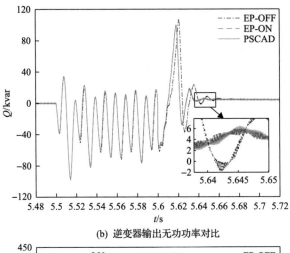

(b) 逆变器输出无功功率对比

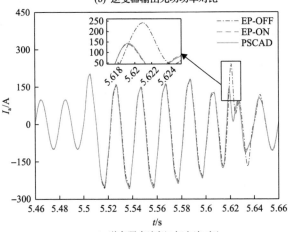

(c) 逆变器交流侧A相电流对比

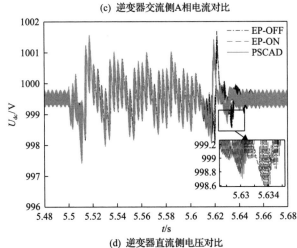

(d) 逆变器直流侧电压对比

图 4.6　场景 A 仿真结果对比图

2. 场景 B

设控制系统 P_{ref} 初始设定为 50kW，Q_{ref} 初始设定为 0kvar。5s 时 P_{ref} 突变为 10kW；Q_{ref} 突变为 20kvar，得到仿真结果如图 4.7 所示。

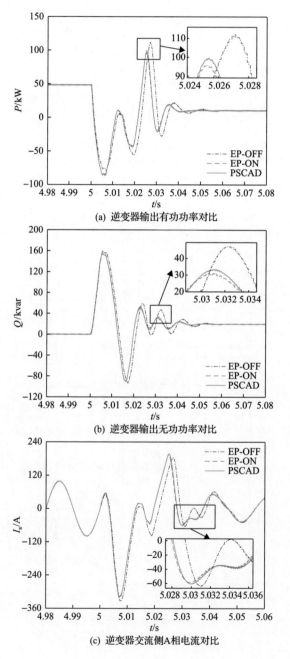

(a) 逆变器输出有功功率对比

(b) 逆变器输出无功功率对比

(c) 逆变器交流侧A相电流对比

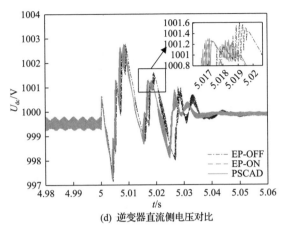

(d) 逆变器直流侧电压对比

图 4.7　场景 B 仿真结果对比图

　　图 4.6 与图 4.7 分别反映了在发生短路故障与控制参数变化的情况下,不同仿真计算方法所得到系统暂态过程的对比情况。表 4.2 给出了几种仿真方法下输出有功功率和 A 相交流电流相对于离线仿真结果的均方根误差,其中分别以发生故障或参数调整时刻前后 0.2s 内的仿真结果为样本,反映稳态及暂态情况下几种算法的误差大小。可以看出采用单一速率并行时序得到的仿真结果与 PSCAD/EMTDC 得到的结果极为接近,证明了本节所采用仿真模型的准确性。在稳态情况下几种算法得到的仿真结果基本一致,但系统参数调整或发生故障后无插值预测的多速率并行仿真结果与 PSCAD/EMTDC 离线仿真结果相比出现了一定偏差,而采用改进插值法的多速率并行仿真得到的结果与离线仿真结果基本一致,保持了较高的仿真精度。以上结果证明,在降低计算时序由单一速率串行转变为多速率并行时所产生的时序误差方面,本节所提出算法具有一定的有效性。

表 4.2　不同算法的均方根误差对比

变量	仿真方法	场景 A		场景 B	
		稳态	暂态	稳态	暂态
P_{out}/p.u.	EP-ON	4.57×10^{-3}	1.44×10^{-2}	4.57×10^{-3}	1.12×10^{-2}
	EP-OFF	4.65×10^{-3}	7.04×10^{-2}	4.61×10^{-3}	1.04×10^{-1}
	SP	1.38×10^{-3}	3.11×10^{-3}	9.72×10^{-4}	1.37×10^{-3}
I_{acA}/p.u.	EP-ON	7.04×10^{-3}	1.48×10^{-2}	6.37×10^{-3}	1.36×10^{-2}
	EP-OFF	6.88×10^{-3}	1.54×10^{-1}	6.41×10^{-3}	1.27×10^{-1}
	SP	1.69×10^{-3}	5.47×10^{-3}	1.63×10^{-3}	1.57×10^{-3}

4.3　配电网电力信息系统建模

4.3.1　配电网信息物理系统结构

高密度分布式发电集群接入的配电网主要由电力系统和信息系统两部分组成。电力系统包括传统的电力一次设备和各种分布式电源、储能、电动汽车充电站以及负荷。信息系统是配电网自治运行的重要环节，通常包括大量的智能电子设备(intelligent electronic device，IED)如量测装置和控制单元，通信网络设备以及计算决策系统。根据不同的信息设备，典型的配电网 CPS 结构可以分为三层[14,15]，如图 4.8 所示。

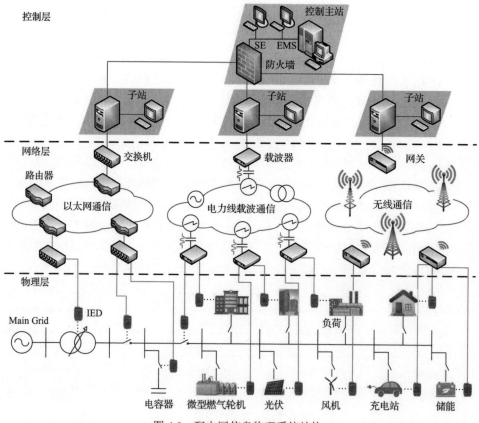

图 4.8　配电网信息物理系统结构

1) 物理层

物理层包括电力设备及其对应的信息单元，比如断路器及其控制单元、负荷及其测量单元、分布式电源及其控制器、变电站及其通信系统等。物理层负责采集量测数据及执行控制指令，通过一次设备和二次设备之间的数据接口反映了配电网电力-信息的直接耦合关系。这种直接耦合关系实际上是电力设备及其对应的信息单元之间的物理连接或逻辑关联，表现为对配电网运行状态的测量和控制指令的执行。

2) 网络层

网络层描述了配电网运行过程中的数据传输过程。配电网自动化运行依赖于海量数据的传输，这意味着传统的单一通信方式已不可行。因此配电网通信网络需要结合多种通信方式[16]，为配电网的安全运行，快速故障响应和分布式电源管理提供实时数据通道。根据不同的通信方式，网络层中包括不同的组网装置。例如，以太网通信通过工业路由器、交换机和通信线(如光纤和电缆)组网；电力线载波通信[17]通过调制器、载波器、耦合电容器和电力线组网；无线通信通过全球微波接入互操作性(world interoperability for microwave access，WiMax)技术，移动通信技术以及通信基站组网。通过混合通信网络，范围广、区域分散、数据服务多、流量大等通信问题得到改善。

3) 控制层

控制层是配电网 CPS 的重要组成部分，其作用是统一整合经过不同通信网络传输的数据，并生成控制指令以响应不同的物理运行场景。该层设置多个子站来传输不同通信网络的数据流量，同时设置一个控制主站来收集通过防火墙的数据流量，从而得到配电网及分布式电源的物理运行状态，并根据状态估计(state estimate，SE)、数据采集与监控(supervisory control and data acquisition，SCADA)、自动发电控制(automatic generation control，AGC)及自动电压控制(automatic voltage control，AVC)等各种应用程序计算各个电力设备的控制指令。

通过上述对配电网 CPS 三层结构的组成和功能的描述，配电网 CPS 的闭环运行过程可以概括如下：首先，本地传感器和测量单元获取配电网的运行状态，包括节点电压幅值，分布式电源的输出功率，断路器的开关状态和负荷信息，并将这些物理量转化为数字量并输入信息流。然后，这些数据流通过多种通信网络传输至控制层。中央控制中心基于接收到的信息在线分析整个配电网的运行状态并根据预设的策略生成控制指令。最后，这些控制指令被发送回物理层中具体的控制单元，通过对应的物理设备在一个控制周期中执行指令以调整配电网的非安全运行状态。

4.3.2　配电通信网的建模方法

配电通信网的建模方法主要包括自定义建模与参数整定两种方法。参数整定是指依据现有的模型如路由器设备的模型参数，根据仿真需求与实际情况对参数进行调整的建模方法。自定义建模是指综合考虑通信规约、设备的运行特性、仿真需求等因素影响，在仿真软件中自主建立合适的仿真模型。本章采用自定义建模与参数整定相结合的方法建立配电通信网相关的设备、业务模型。本章建立的配电通信网的对象及方法如表 4.3 所示。

表 4.3　配电通信网建模对象及方法

类别	建模对象	建模方法
实体设备	主站工作站/服务器	参数整定
	子站工作站/服务器/终端	参数整定
	交换机	参数整定
	防火墙	参数整定
	路由器	参数整定
	通信链路	参数整定
业务数据	配电网业务数据	自定义建模
网络拓扑	接入网	自定义建模
	骨干网	自定义建模
仿真场景	通信网络正常运行场景	参数整定
	通信网络网络堵塞场景	参数整定

1) 实体设备模型

实体设备是配电通信网仿真的重要组成部分，能够调整仿真参数，产生、传输以及处理业务数据，是统计配电通信网网络性能指标的重要载体。

2) 业务数据模型

业务数据主要是配电网各类业务，如配电自动化业务、分布式电源控制业务等，是数据产生和处理的模型基础，本章对数据采集、分布式电源控制、报警、监控等功能进行建模，为配电通信网的性能仿真分析提供数据源与数据交互基础。

3) 网络拓扑模型

配电通信网中设备的通信连接即为网络拓扑模型，是进行配电通信网性能仿真必不可少的部分。本章将配电通信网划分为三层，接入网、骨干网和终端层分别进行建模。

4) 仿真场景模型

配电通信网往往会遇到各种通信情况，如断线、网络攻击、设备故障等情况，因此需要建立多种通信仿真场景，本章主要包括两种场景，正常通信与网络堵塞，为配电通信网的性能仿真提供多角度、全方位的研究场景。

本章以电力线载波通信方式为例说明自定义建模方法。根据文献[18]，建立电力线载波信道模型应考虑脉冲噪声、窄带干扰以及频率衰落三个因素，本章从噪声模型和衰减模型两方面进行建模。

1) 噪声模型

文献[19]指出，中压电力线载波信道噪声主要包括：脉冲干扰、窄带噪声和背景噪声。本章背景噪声和窄带噪声分别取自文献[19]、[20]，在此不再详细讲述。本章使用 A 类噪声模型作为脉冲噪声模型。

设 $s=(s_1,\cdots,s_n)$ 为发送向量，其中 $s_i \in X$。X 为任意实数或者复数信号星座点的集合，比如 ASK 信号星座。发送向量元素 s_i 在无记忆的加性 A 类噪声 (additive white class-A noise channel, AWCN) 信道传输，得到接收向量 $r=(r_1,\cdots,r_n)$ 的元素 $r_i=s_i+n_i$。其中 n_i 是独立分布的，服从 A 类噪声模型。若假定信道为复信道，则 r_i、s_i、n_i 三者均为复数随机变量；若为实信道，则三者为实随机变量。设 $\alpha_m = \mathrm{e}^{-A}\dfrac{A^m}{m!}$，则复信道的 A 类噪声 PDF 为

$$p(n_k) = \sum_{m=0}^{\infty} \frac{\alpha_m}{2\pi\sigma_m^2} \exp\left(-\frac{|n_k|^2}{2\sigma_m^2}\right) \tag{4.8}$$

实信道的 A 类噪声 PDF 为

$$p(n_k) = \sum_{m=0}^{\infty} \frac{\alpha_m}{\sqrt{2\pi}\sigma_m} \exp\left(-\frac{n_k^2}{2\sigma_m^2}\right) \tag{4.9}$$

式中，$p(n_k)$ 为方差不断增长的无限个高斯 PDF 的加权和，σ_m^2 满足

$$\sigma_m^2 = \sigma^2 \frac{m/A+\psi}{1+\psi} \tag{4.10}$$

式中，σ^2 为 A 类噪声的平均方差，A 类噪声模型是平均方差为 σ_g^2 的高斯噪声 g_k 与脉冲噪声平均方差为 σ_i^2 的加性人为脉冲噪声 i_k 之和；A 为脉冲指数，体现了噪声的脉冲性；Γ 为高斯噪声和脉冲噪声的能量比值。

2) 衰减模型

信道的脉冲响应定义如下：

$$h_E(t) = \sum_{i=1}^{N} k_i \delta(t,\tau_i) \tag{4.11}$$

式中，τ_i 表示响应延时，因子 k_i 代表相应衰减。据此可得传递函数为

$$H_E(f) = \sum_{i=1}^{N} k_i \mathrm{e}^{-\mathrm{j}2\pi f \tau_i} \tag{4.12}$$

式中，k_i 系数不仅与长度有关，也与频率有关，根据文献[19]定义：

$$k(f, l_i) = a_i \cdot \mathrm{e}^{-\alpha(f)l_i} \tag{4.13}$$

这里 l_i 是电缆的长度，a_i 表示与具体网络拓扑结构有关的有效因子，相应于第 i 个响应路径相对应的分支终端、数量和长度。下面将给出系数 $\alpha(f)$ 的进一步扩展。由式(4.12)和式(4.13)可得完整的传递函数。

$$H_E(f) = \sum_{i=1}^{N} a_i \cdot \mathrm{e}^{-\alpha(f)l_i} \cdot \mathrm{e}^{-\mathrm{j}2\pi f \tau_i} \tag{4.14}$$

根据图 4.9，由传输线理论可得沿导线传播的电压电流满足

$$U(x) = U_2 \cosh(\gamma x) + I_2 Z_L \sinh(\gamma x) \tag{4.15}$$

$$I(x) = I_2 \cosh(\gamma x) + \frac{U_2}{Z_L} \sinh(\gamma x) \tag{4.16}$$

式中，特性阻抗 Z_L 和传播常数 γ 为传输线的参数，满足

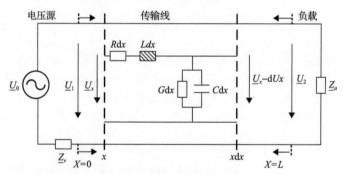

图 4.9　传输线信息传输模型

$$Z_L = \sqrt{\frac{R + \mathrm{j}\omega L}{G + \mathrm{j}\omega C}} \tag{4.17}$$

$$\gamma = \sqrt{(R + \mathrm{j}\omega L)(G + \mathrm{j}\omega C)} = \alpha + \mathrm{j}\beta \tag{4.18}$$

这里只考虑等效传输线，则单位长度的电阻、电容、电感与电导计算如下：

$$R = \frac{1}{\pi a}\sqrt{\frac{\pi \mu_c}{\sigma_c}f} \rightarrow R \sim \sqrt{f} \qquad (4.19)$$

$$C = \frac{\pi \varepsilon}{\text{arcosh}\left(\dfrac{D}{2a}\right)} \qquad (4.20)$$

$$L = \frac{\mu}{\pi}\text{arcosh}\left(\frac{D}{2a}\right) \qquad (4.21)$$

$$G = 2\pi \cdot f \cdot C \cdot \tan\delta \rightarrow G \sim f \qquad (4.22)$$

在考虑的频段内，$R \ll \omega L$，$G \ll \omega C$，其特性阻抗 Z_L 和传播常数 γ 可以简化如下：

$$Z_L = \sqrt{\frac{L}{C}} \qquad (4.23)$$

$$\gamma = \frac{1}{2}\frac{R}{Z_L} + \frac{1}{2}G \cdot Z_L + \mathrm{j}\omega\sqrt{LC} \qquad (4.24)$$

从而可以得到电缆的特征参数为

$$\gamma = \underbrace{k_1 \cdot \sqrt{f} + k_2 \cdot f}_{\alpha} + \underbrace{\mathrm{j}k_3 \cdot f}_{\mathrm{j}\beta} \qquad (4.25)$$

特征参数的实数部分 α 即衰耗随着频率的增加而增加，且比例系数通常是固定的。从而可以得到电缆的衰耗为

$$\alpha(f) = a_0 + a_1 \cdot f^k \qquad (4.26)$$

若选择合适的参数 a_0、a_1 和 k，则电力线的衰减可以进一步表示为

$$A(f,l) = \mathrm{e}^{-a(f)\cdot l} = \mathrm{e}^{-(a_0 + a_1 \cdot f^k)\cdot l} \qquad (4.27)$$

此外，信号在电力线载波信道的传输时延计算如下：

$$\tau_i = \frac{l_i\sqrt{\varepsilon_r}}{c_0} = \frac{l_i}{v_p} \qquad (4.28)$$

4.3.3　配电网通信数据及设备建模

配电网通信业务庞大且繁杂，包括配网自动化、分布式电源控制、微网控

制、配电线路保护、配电网视频监控、配电网设备运行监测等业务,如果对每个业务都进行详细的建模是十分复杂且工作量巨大的。但通过深入分析,可以将这些业务数据分为周期性数据、突发性数据和随机性数据三大类[21]。因此只需要对这三大类数据进行分析与建模,通过适当参数修改即可成为需要的业务数据模型。

1) 周期性数据

周期性数据是指按照一定时间间隔触发的数据类型。在正常运行时配电网会产生多种周期性数据,主要包括各种状态量监测类(遥信、遥测)和各种视频监视类。周期性数据的特点是规律触发、稳定产生,但传输数据量大,对通信延时要求高,是配电网运行中配电网通信网络主要的数据流来源,主要影响网络的稳态性能。

周期性数据一般是按照固定频率发送与接收,数据产生也按照特定的时间触发,其报文长度基本固定,因此仿真模型可以用固定长度、固定时间间隔的周期性报文进行仿真。周期性数据在时间轴上如图 4.10 所示。

图 4.10　周期性数据模型

从理论上分析可知,报文的长度、报文产生的频率以及网络传播时延等因素都会影响周期性数据的传输。周期性数据流模型如下式所示。

$$M_n = (L_n, P_n, C_n) \tag{4.29}$$

式中,L_n 为报文长度;P_n 为报文产生的时间间隔;C_n 为报文网络传输的时延,包括传输时延与排队时延。

2) 随机性数据

随机性数据通常是由外部发生的事件触发产生的,如设备故障及人为原因等。随机性数据通常可以分为快速报文和中低速报文,快速报文如保护命令、跳闸命令等长度短,但对实时性要求很高,而中低速报文如事件记录查看、故障录波等数据量大,但对通信时延要求较低。随机性数据报文的长度一般根据业务确定,不同业务的报文长度一般也不同。

针对以上特征,考虑到泊松分布具有可加性和无记忆的特点,能够较好描述随机性数据的特点。因此本章采用泊松分布函数来仿真随机性数据,数据产生的频率符合指数分布,随机性数据在时间轴上如图 4.11 所示。

图 4.11　随机性数据模型

指定时间段 $t>0$ 内，k 个报文服从参数为 $1/\lambda$ 的指数分布概率见下式。

$$P\{N(t+s)-N(s)=k\}=\frac{(\lambda t)^k\,\mathrm{e}^{-\lambda t}}{k!},\quad k=0,1,2,\cdots \tag{4.30}$$

$$g(t)=\lambda\mathrm{e}^{-\lambda t} \tag{4.31}$$

$$E(t)=1/\lambda \tag{4.32}$$

式中，$N(s)$ 为在 s 时刻报文的到达总数；λ 为该类型数据在单位时间段内触发的次数；$g(t)$、$E(t)$ 为突发性数据的概率密度函数和均值。

3) 突发性数据

与随机性数据类似，突发性数据也是由外部事件触发产生的，突发性数据报文较短，产生时间比较集中，要求时延低。突发性数据具有典型的时间后效应和记忆性，其通常会受到前一个报文的影响，前后数据关联性强，突发性数据在时间轴上如图 4.12 所示。

图 4.12　突发性数据模型

根据上述特点，本章采用 ON/OFF 模型作为突发性数据的仿真[21]。在 ON 阶段数据源以固定的时间间隔产生数据包，在 OFF 阶段则不产生数据包。ON 阶段与 OFF 阶段持续时间的分布特性一般不同，本章 OFF 状态采用指数分布描述，如式(4.31)与(4.32)所示，ON 阶段采用 Pareto 分布，其概率密度与均值如下式所示：

$$f(t)=\frac{\alpha\theta^{\alpha}}{t^{\alpha+1}} \tag{4.33}$$

$$E(t)=\frac{\alpha\theta}{\alpha-1} \tag{4.34}$$

式中，t 为 ON 阶段中的某一时刻；θ 为尺度参数；α 为形状参数。

完成通信数据建模后，在对工作站、服务器、终端等实体设备建模时候，只需将相应的配网数据业务模型加载到自带的信源与信宿模型中即可,该模型能够根据应用层设置的通信业务数据规则产生和处理数据,实现模型的控制和数据汇集等功能。建模流程如下。

(1)选取相应的仿真软件固有模型,如工作站模型与服务器模型,了解其基础构造,并在应用层上对模型进行扩展。

(2)对配电网通信业务数据进行建模,本章对周期性数据、随机性数据与突发性数据三大类业务数据建模,实现应用层建模。

(3)将(2)设计的应用层模型通过参数整定的方法加载到相应的工作站模型与服务器模型中,实现模型的自定义功能。

经过上面步骤之后,即可建立配电通信网终端/主站/子站等信源信宿的模型,这些模型能够实现模拟配电通信网设备在通信过程中的设备特性与通信行为特征,为配电通信网仿真提供模型基础。

4.4　电力-信息混合实时仿真

4.4.1　电力-信息混合仿真问题分析

电力信息物理系统研究的主要问题在于如何深度融合信息系统和电力系统,探索交互影响机理,研究与之相适应的建模、分析与控制方法,并指导实际电力系统的具体应用。然而,传统电力系统研究与信息通信系统研究在理论和方法上基本是割裂的。电力物理系统是时变连续系统,其电气量以潮流的形式流经电力节点和支路;信息通信系统则是离散系统,其信息变化由离散事件触发。在现有理论方法框架下难以深入分析信息系统对电力系统分析与控制的影响。在理论研究没有取得显著突破之前,根据电力信息物理系统原型特征构造其模型并进行数字仿真可为当前相关理论和应用问题的深入研究提供仿真、测试和验证支撑。

在仿真层面,考虑信息系统的影响,传统物理仿真软件无法胜任,需要开展应用用于信息物理系统的协同仿真技术和仿真平台的研究。由于电力系统仿真软件如 RT-LAB、RTDS、MATLAB 等采用离散的方法,通过在每一步长内求出系统的数值解从而进行求解;而信息通信系统仿真软件如 OPNET、OMNET++、NS 等的模型处于离散事件系统中,其时间轴是以事件为坐标,通过离散事件仿真工具模拟。两种软件在数学模型求解上有着本质的区别,因此,目前还没有成体系的电力-信息系统统一仿真工具[22]。

目前针对电力-信息混合仿真的方法主要有三种:联立仿真、非实时混合仿真、实时混合仿真[23,24]。

联立仿真的主要思路就是在信息系统仿真平台或物理系统仿真平台中引入对侧网络仿真模块,即通过扩展物理仿真软件加入通信模型仿真或者扩展通信仿真软件加入物理系统模型仿真,从而实现单一平台的混合仿真[25]。这种方式对所选择的仿真平台要求较高,需要它能够较为准确地建立物理系统模型或信息系统模型。在这种思路下,两大系统因处于同一平台而保持同步。当我们将信息系统模块建立在物理系统仿真平台(软件)上时,现有的软件往往无法准确模拟信息系统的动态过程;而当我们将物理系统模块建立在信息系统仿真平台(软件)之上时,因信息系统的离散特性,连续的代数微分方程组显然无法直接在该系统中进行求解,这无疑增加了仿真计算的复杂度和准确度。

非实时混合仿真区别于联立仿真,信息与物理系统分别采用不同的平台进行建模,通过时间同步的方法使两个平台独立运行于同一时间域[26]。该仿真思路主要包含两种基本架构。第一种架构为主从方式,即以信息系统仿真平台为主仿真器,物理系统的仿真结果通过混合仿真控制逻辑嵌入主仿真平台。显然,物理系统仿真平台作为从平台,只能被动地接受信息系统的控制,且此方式下仿真时序一般为串序,仿真效率较低。第二种架构是独立交互及控制,即采用独立组件(混合仿真接口)将两大系统连接,数据交互和控制信息传递在交互接口中完成。此方式最大的优势在于实现了混合仿真的并行时序,但交互接口的存在增加了程序设计的复杂度。学者 Mesut Baran 于 2002 年首次提出了采用 PSCAD/EMTDC 和 Java 搭建混合仿真平台,对离散和连续系统进行混合仿真[27]。该方法通过自定义模型搭建的方法在 PSCAD 平台建立了同 Java 交互的接口。并利用 Java 搭建信息通信系统模型,采用队列结构储存数据,在接口处进行交互。由于 Java 并非专业的信息系统仿真软件,该方法目前并不常用。此外,国内外学者已经实现了 EPOCHS 和 VPNET、MATLAB/Simulink 和 OPNET 等非实时混合仿真实例。依据现有文献和仿真实例分析,非实时混合仿真的核心问题就是两个仿真平台同步问题。

实时混合仿真中,电力系统和信息系统均采用实时仿真器或仿真软件[27,28],以更高效地模拟电力-信息系统的稳态和动态特性,区别于非实时混合仿真,实时混合仿真更侧重于解决信息物理系统中稳定控制、广域监测等动态问题。目前,实时混合仿真处于起步阶段,其仿真架构与交互方法仍需要进一步完善。

但目前这些平台往往只能采用有线的通信仿真,然而现代配电通信网中已经开始采用多种通信方式进行通信,诸如光纤、4G、5G、电力线载波等通信方式,因此需要开发设计有效的电力信息物理混合实时仿真平台能够对当前的通信方式进行扩展,为电网信息物理系统的理论研究和电网运行规划建设提供技术平台支撑。

本章选取 RT-LAB 实时仿真系统作为电力物理系统仿真工具,OMNET++网络仿真器作为信息通信系统的仿真工具,设计电力信息实时仿真平台,能够实现多种通信方式的仿真。在此框架之上,实现硬件在环仿真和网络攻击平台的设计研发。首先通过电力系统仿真模块、信息通信系统仿真模块、控制系统仿真模块与网络攻击仿真模块四个模块对仿真平台的组成及架构进行了介绍，然后研究了基于 Socket 的数据交互接口与并行式动态事件触发的时间同步方式。

4.4.2 电力-信息混合实时仿真架构

本章设计的平台基础架构包括三个部分：电力系统、信息通信系统和分布式电源控制装置。电力系统中传感器等量测单元采集电网的状态信息，通过多种通信方式传递给分布式电源控制主站，控制主站根据状态信息，分析电网运行状态，发出相应的控制命令，子站根据控制命令选择相应的分布式电源控制单元，并将命令下发，控制单元收到控制命令后对电网物理系统进行相应的控制动作。

电力系统是一个时间驱动的连续系统，而通信系统是一个离散系统，为了实现离散的信息通信系统与连续的电力物理系统之间的仿真，本章依据系统功能不同将实时仿真系统划分为四个模块：电力物理系统、信息通信系统、网络攻击系统和分布式电源控制系统。为了提高仿真平台的可拓展性，设计的实时仿真平台提供了硬件在环功能，使用 DSP 物理硬件设备模拟分布式电源控制系统。为了实现数据交互接口的简化设计，提高仿真效率，仿真平台通过以太网连接。

此外，通信系统受到网络攻击时通常会对电力系统的安全稳定运行造成一定的不良影响。因此本章在建立的平台基础之上，针对典型的中间人攻击方法，基于 Labview 设计了中间人攻击平台，用于仿真电力系统中发生的中间人网络攻击，建立完整的含有网络攻击的电力信息实时仿真平台，整体架构如图 4.13 所示。

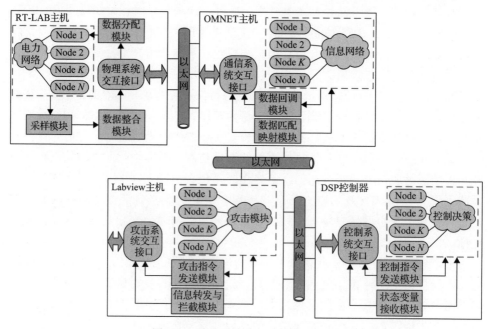

图 4.13 电力信息实时仿真平台架构

　　图 4.13 中的电力信息实时仿真平台架构主要包括四部分：RT-LAB 实时仿真机、OMNET++仿真主机、Labview 主机和 DSP 控制器。电力系统利用 RT-LAB 及其上位机进行仿真建模，主要包括电力系统网络、传感器量测单元、本地控制单元等模型。通信系统利用 OMNET++网络仿真软件进行仿真建模，主要包括通信数据、通信网络以及不同的通信场景等。分布式电源控制器采用现实物理设备 DSP 进行模拟，可根据不同的业务仿真需求进行更换。Labview 用于进行中间人攻击模拟建模。

　　实时仿真平台的仿真步骤以及数据交互过程如下。

　　(1) 仿真平台采用基于并行式动态事件触发的时间同步方式，RT-LAB、OMNET++、Labview 以及 DSP 控制系统均以物理时钟为基准，各自保持实时运行状态。

　　(2) 在 RT-LAB 及其上位机中，传感器等量测单元按照固定的时间间隔采样电力物理系统的状态数据，并通过数据交互接口上传给控制系统。

　　(3) 在 RT-LAB 采样的状态数据上传给控制系统过程中，首先通过物理网卡传递给 OMNET++，OMNET++根据网络拓扑以及设置的通信场景计算出相应网络性能数据如延时、丢包等，并应用于采样的数据包上。

　　(4) Labview 主机在不工作时，相当于一台高速的路由器，只负责数据的转发；在工作时，则起到中间人攻击的作用，根据不同的攻击效果施加不同的网络攻击作用于数据流上。

　　(5) DSP 控制系统接收到上传的电力网络状态数据后，根据制定的控制方案生成相应的控制命令，并且通过 OMNET++通信网络下发给 RT-LAB。

　　(6) RT-LAB 中的控制单元接收到来自于 DSP 的控制命令，依据控制命令做出相应控制动作，如调整分布式电源出力等。

　　上位机中安装的 RT-LAB 实时仿真平台软件可以直接编译图形界面中搭建好的模型，调用底层的 C++代码，载入到 RT-LAB 仿真主机中进行仿真，利用仿真主机高频多核的优势，可以实现电力物理系统的实时并行仿真计算。

　　在调研了通信领域的网络仿真工具后，为了实现硬件在环功能且能保持实时性，本章选择 OMNET++进行信息通信系统的仿真。OMNET++基本情况在第 3 章中已进行了部分介绍，本节主要介绍网络接口相关。OMNET++提供了许多开源库如 INET、Simu5G 等，INET 提供了一个模块能够充当仿真域和真实域之间桥梁的模块，因此能够实现仿真的一部分保持不变，而将现实物体接入，实现实物-虚拟的仿真。

　　目前提供了以下仿真方式：①真实网络中仿真节点；②真实网络中的仿真子网；③仿真网络中的真实节点；④真实网络节点中的仿真协议；⑤仿真网络节点中的实际应用等功能，本章采用第三个功能，仿真网络中的真实节点。INET 库提供了实现物理系统部分(操作系统的接口)和仿真部分之间的接口。

电力系统的各个母线节点以及分布式电源都对应信息通信系统的一个通信节点,从而可以实现通信堵塞、网络攻击、数据丢包等通信场景,使得通信场景更加符合实际通信情况。

本章网络攻击主要考虑中间人攻击方式,中间人攻击(man-in-the-middle attack,简称"MITM 攻击")是指攻击者利用地址伪装与端口伪装等手段与通信两端分别建立独立联系,并交换其接收到的数据,使通信两端误以为二者仍通过私密的连接进行通信对话,但实际整个通信都完全被攻击者所控制。攻击者能够修改或删除接收到的数据包,这样控制系统可能就会做出错误的判断,并进一步发出错误指令,引起电力系统的失控。

本章采用 Labview 软件建立中间人攻击模块。运行模式包括正常通信、数据拦截与数据篡改,在正常通信情况下,Labview 主机相当于一台高速路由器,转发收到的数据包;数据拦截模式下,攻击者截获控制中心与电力系统之间通信的数据包,并对收到的数据包进行分析,若收到的是对时包,则不进行拦截,若拦截的数据包是控制命令类,则替换成预先设置好的对时命令包并将其发送给控制单元。如此一来控制单元无法接收到控制命令,但控制中心却认为控制器接收到命令并已动作,从而造成控制器的拒动;数据篡改模式与数据拦截类似,攻击者在接收到控制中心发送的控制命令数据包时,将该数据包替换为攻击者设置的命令包,并将其发送给控制器,从而造成控制器的误动。

本章搭建的平台具有硬件在环功能,本章选择实际的控制器作为控制系统,实时监控电力系统运行状态并产生相应的控制命令。本章设计的分布式电源控制系统采用以 TMS320F28377DSP 芯片为核心的开发板,该芯片能够满足高速的数据处理,同时含有丰富的外围设备和数据交互接口,满足混合式控制的要求,满足本章需要的控制系统的需求。

控制系统应用程序主要由以下模块组成。

(1)数据接收与发送模块:接收来自于 RT-LAB 搭建的电力系统的数据包,并对接收到的数据包进行校验、解封与解析,从而判断数据包的类型与来源,同时负责对产生的控制命令进行封装与发送。

(2)数据检测模块:当接收到电力系统的状态信息时,该模块运行一次,检测电力网络是否出现故障或者需要调整。

(3)决策控制模块:当数据检测模块发现电力系统问题时,控制模块根据预先设定的控制策略,发出控制命令。

在电力信息实时仿真过程中,DSP 控制模块通过以太网与 Labview 主机相连,DSP 根据接收到的电力系统状态信息,经过设定的算法处理后,得到控制命令,并通过信息通信系统返回到电力系统中,实现控制目标。

4.4.3　电力-信息混合实时仿真接口

电力信息实时仿真平台的顺利运行依赖于稳定可靠的数据传输，因此有必要研究数据交互接口技术以实现不同系统之间数据的准确传输。本章建立的平台采用基于 Socket 的数据交互接口，主要涉及电力系统交互接口以及通信系统交互接口。

在 4.4.2 节中对于 OMNET++的网络接口进行了部分介绍，本章介绍 OMNET++半实物仿真系统的架构。OMNET++仿真软件提供了三种半实物仿真架构，分别是真实-虚拟、真实-虚拟-真实和虚拟-真实-虚拟，如图 4.14 所示，这三种仿真架构基本可以满足大多数的半实物仿真需求。真实-虚拟半实物仿真模式是指将现实的物理硬件与 OMNET++网络仿真系统通过以太网连接，是一种十分简单的应用方式；真实-虚拟-真实半实物仿真方式是指将两个现实的物理硬件通过 OMNET++仿真系统连接起来，OMNET++仿真系统中有与现实硬件的网络接口，

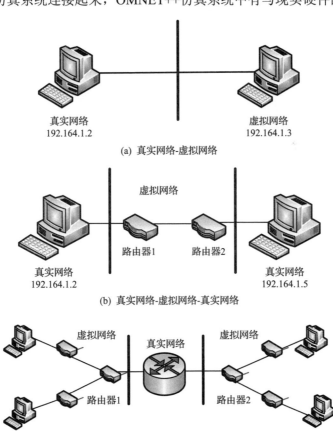

图 4.14　三种半实物仿真架构

现实中的网络数据通过仿真系统到达另一个现实物理硬件时，需要经过路由器、通信方式等的影响，以模拟实际的通信系统；虚拟-真实-虚拟半实物仿真是指两个网络仿真系统经外部现实的硬件连接起来，可以实现一个虚拟网络经过真实网络到另一个虚拟网络仿真过程。三种工作模式的配置图如下所示。本章采用第二种半实物仿真方式即真实-虚拟-真实的工作模式。

本章研究了一种基于 UDP/IP 协议和 Socket 的电力信息实时仿真平台数据交互接口，如图 4.15 所示。每个电力系统 RT-LAB 网络中量测单元和控制单元都与相应的通信节点一一对应，保证数据传输过程的准确性。

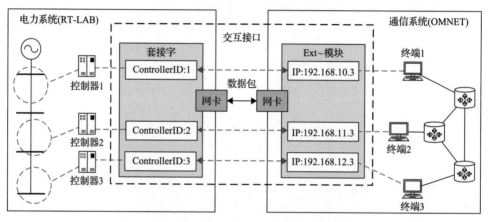

图 4.15　实时仿真平台数据交互接口

通信系统模型中终端的 IP 地址与 OMNET++主机的 IP 地址完全不同。前者用于确定网络中通信节点的位置，并建立物理节点和网络节点之间的对应关系。而后者是运行 OMNET++软件的计算机的实际 IP 地址。OMNET++主机和 RT-LAB 目标机器之间的数据包传输是根据两台计算机的实际 IP 地址进行的。

作为网络仿真软件，OMNET++的整个仿真过程由离散事件驱动。RT-LAB 仿真系统与 OMNET++仿真系统之间的数据包传输是通过并行事件触发模式实现的，图 4.16 说明了时间同步过程。

本章以 RT-LAB 和 OMNET++为时间同步主体实现时间同步，二者共同推进电力信息物理系统仿真进程。图中 t_1、t_2、t_3、t_4 是 RT-LAB 中电力系统仿真的时间步长点，T_1、T_2、T_3 是 OMNET++仿真软件中事件触发点。RT-LAB 按照固定的仿真步长，在每个时间点将电力系统的量测信息与状态信息经 OMNET++网络仿真软件发送到控制中心，在 OMNET++中形成仿真事件，推动 OMNET++的仿真进程。OMNET++仿真软件到事件触发点时会将通信系统中仿真的数据发送到设置的数据接口，进而通过实际的物理网卡发送到 RT-LAB 电力系统仿真和 DSP 控

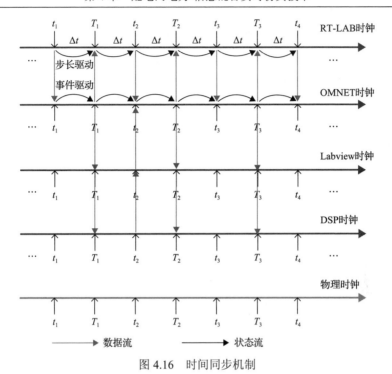

图 4.16　时间同步机制

制器中。其中，电力系统仿真和通信系统仿真的同步时间点间隔为 Δt，如式 (4.35) 所示：

$$\Delta t = t_a + t_b + t_c + t_{cd} \tag{4.35}$$

式中，t_{cd} 为通过 OMNET++通信系统仿真得到的通信延时，类比于实际通信网络的通信延时，是 Δt 的主要组成部分，而这延时在不同的通信方式和通信场景下往往会有一定的差异；t_a、t_b、t_c 分别为数据处理延时、线路延时和数字设备延时，三者之和为平台的固有延时。

　　DSP 控制系统本身就是物理实体，以物理时钟运行。DSP 控制中心每次接收到 OMNET++传送过来的数据信息，DSP 控制中心根据预先设置的控制策略分析收到的数据信息，生成并发出相应的控制指令。当 DSP 控制中心发出的控制信息经过 Labview 中间人攻击后，通过 Labview 与 OMNET++的网络接口到达 OMNET++，触发 OMNET++仿真事件。RT-LAB 电力系统仿真和 DSP 控制中心系统发出的信息都能产生事件推动 OMNET++的仿真进程。

4.4.4　仿真算例

　　本书选取安徽金寨某实际电网进行相关仿真验证，选取的母线及其多条支路上共设有公用配变和专用配变 29 个，由于配电网规模很大，首先对配电网进行集群划分，划分结果如图 4.17 所示。整条线路共有 19 个分布式发电单元，其中正常运行期间投入的电源有 13 个，其节点位置为{4,8,10,11,13,24,26,29,31,44,45,48,49}，备用分布式单元 6 个，节点位置信息为{5,16,22,30,34,44}，负荷有 29 处，节点位置为{3,4,6,8,10,11,13,16,17,21,24,26,28,29,30,31,33,36,37,38,39,40,43,44,45,46,47,48,49}。

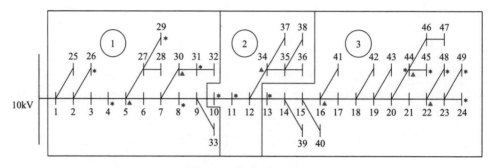

图 4.17　集群划分结果

在 RT-LAB 中搭建电力网络，每条母线都配备一个三相量测设备，实时监测母线上的电压电流。在一些联络线较多的节点增设备用电源，每个电源都配有一个控制器，能够采集本地信息和控制电源出力，同时与 OMNET++主机中的控制子站之间交换数据。在 36 号和 47 号母线处设置可中断负荷。网-源-荷协调控制采用群内自治和群间协调相结合的方式，当集群内发生负荷扰动时，启用群内的备用电源抑制扰动，使电网恢复正常；如果集群内发生较为严重的故障，或者集群本身规模较小，抗扰动能力较弱，则需要邻近集群协调控制。

结合上述仿真模型，本节利用电力信息实时仿真平台验证集群仿真算例，并测试不同的通信状况对控制效果的差异，评估通信系统对电力系统安全运行的影响，实时仿真平台如图 4.18 所示。

1. 算例 1：不同通信方式仿真

为了研究不同的通信方式对配电网中分布式电源控制的影响，从而合理地规划配电通信网的建设，本节以第 2 章的基于等成本增量的有功控制进行电力信息实时仿真平台测试，验证平台的有效性。

在 3s 时，调度控制中心即 DSP 控制器下发控制命令，提高二号分布式发电集群有功出力，仿真结果如图 4.19 与图 4.20 所示。通过仿真结果可知，在正常通信情况下，四种通信方式均可满足控制系统的要求，分布式电源都能以较快的速度响应，四种通信方式之间相差不大。四种通信方式下分布式电源的动作时间及延时如表 4.4 所示。

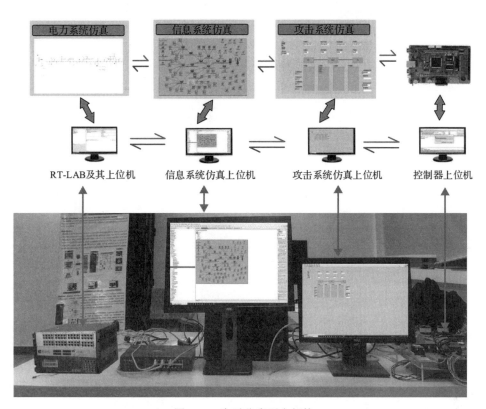

图 4.18 实时仿真平台架构

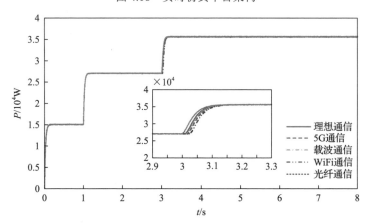

图 4.19 不同通信方式下分布式电源 DG9 有功出力

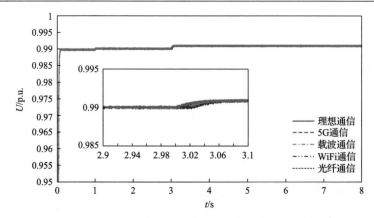

图 4.20　不同通信方式下分布式电源 DG9 母线电压

表 4.4　不同通信方式 DG 动作时间及延时

通信方式	动作时间/s	延时/ms
光纤	3.01	10
电力线载波	3.012	12
5G	3.018	18
WiFi	3.025	25

通过表 4.4 可知，光纤通信方式下，DG9 动作时间延时了 10ms 左右，电力线载波 12ms 左右，5G 通信 18ms 左右，WiFi 通信大概 25ms 左右，与第 3 章仿真结果相差不大，考虑到平台固有延时的影响，证明了电力信息实时仿真平台的有效性，验证了不同通信方式对分布式电源控制效果的影响。

2. 算例 2：通信堵塞

本章选择 5G 通信作为通信堵塞的研究对象，研究在 5G 通信下以下几种通信情况对控制效果的影响。

(1)正常通信环境：通信网络中仅上传量测数据和下发控制命令，此时网络链路带宽占有率低，数据传输过程中不需要排队，仅有传输时延及处理时延。

(2)通信一般堵塞：通信一般堵塞情况下，通信网络中除了量测数据和控制命令之外，还会产生一些视频上传、故障上报等数据，带宽占用率上升，产生轻微的排队时延。

(3)通信异常堵塞：通信异常堵塞一般发生在电网中发生故障的时候，此时通信网中产生的大量的控制包以及各种视频、故障示警等数据包，从而占用链路大量的带宽，产生较大的排队时延。

在三种通信环境下研究分布式电源控制效果，分布式电源 DG9 有功出力及母线电压如图 4.21 和图 4.22 所示，其动作时间如表 4.5 所示。

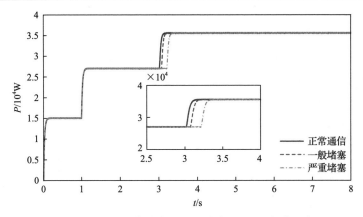

图 4.21　不同通信堵塞下分布式电源 DG9 有功出力

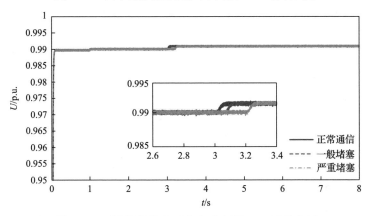

图 4.22　不同通信堵塞下分布式电源 DG9 母线电压

表 4.5　不同通信堵塞下 DG9 动作时间及延时

通信环境	动作时间/s	延时/ms
通信环境 1	3.018	18
通信环境 2	3.075	75
通信环境 3	3.205	205

　　从仿真结果可以看出，在 5G 通信模式下，不同通信堵塞情况下 DG9 的动作时间有较大的差异。在正常通信环境下，分布式电源 DG9 的动作延时为 18ms，而在一般堵塞下，分布式电源 DG9 动作延时为 75ms，在通信严重堵塞情况下，分布式电源的动作延时更达到了 205ms，从而导致电源母线电压调节时间相应延长。

　　通信网络的堵塞通常会对分布式电源的控制产生不利的影响，甚至在严重情况下会产生丢包而导致控制信息无法传递的情况，威胁电力系统的稳定运行。在配电网运行过程中，要时时关注通信网络性能状况，避免通信网络堵塞造成的不利影响。

3. 算例 3: 中间人攻击

本节根据设计的中间人攻击平台，测试网络攻击对电力系统的影响，主要包括数据拦截与数据篡改情况。

1) 数据拦截

数据拦截是指通过拦截调度控制中心发送给集群分区控制中心的命令数据包，从而造成集群分区控制中心无法接收到控制命令，引起拒动的攻击。以集群2为例，在 3s 式调度控制中心命令集群 2 增加分布式电源出力，在通信正常与数据拦截攻击下分布式电源 DG9 的动作如图 4.23 与 4.24 所示。

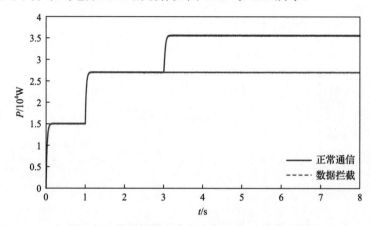

图 4.23　数据拦截下分布式电源 DG9 有功出力

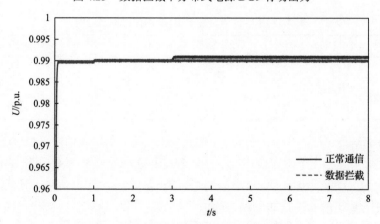

图 4.24　数据拦截下分布式电源 DG9 母线电压

通信正常时，分布式电源 DG9 能够迅速响应调度控制中心的控制命令提高电源出力。当发生数据拦截时，分布式电源无法接收到控制中心命令，因此拒动，未提高自身出力，其母线电压也因此未产生变化。

2) 数据篡改

数据篡改是指攻击者监听调度控制中心发送给集群控制中心的数据包，当检测到发送的为控制命令包时，则将数据拦截，并将事先设定好的攻击命令包或随机的攻击命令包发送给集群控制中心，完成数据篡改攻击。

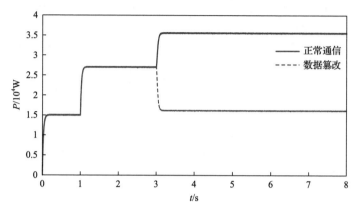

图 4.25　数据篡改下分布式电源 DG9 有功出力

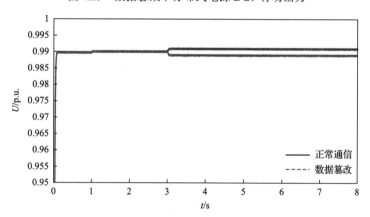

图 4.26　数据篡改下分布式电源 DG9 母线电压

数据篡改下分布式发电集群控制仿真结果如图 4.25 和 4.26 所示。在 3s 时，调度控制中心下发控制命令，命令集群 2 提高整体出力，正常情况下，分布式发电集群能够迅速响应调度控制中心命令。但在数据篡改攻击下，分布式发电集群反而降低了有功出力，从而引起母线电压的下降，降低电力系统的稳定性。

参 考 文 献

[1] 田芳, 黄彦浩, 史东宇, 等. 电力系统仿真分析技术的发展趋势[J]. 中国电机工程学报, 2014, 34(13): 2151-2163.

[2] 刘水, 王海群, 王致杰, 等. 电力系统全数字实时仿真技术[J]. 科技与创新, 2017, 18: 20-22.

[3] 王占领, 郑三立. 电力系统实时仿真技术分析[J]. 电力设备, 2006, 7(2): 46-49.

[4] 刘晓松. 电力系统应用的仿真技术分析[J]. 机电信息, 2010, 36: 51-52.

[5] 马钊, 周孝信, 尚宇炜, 等. 未来配电系统形态及发展趋势[J]. 中国电机工程学报, 2015, 35(6): 1289-1298.

[6] Ren W, Steurer M, Baldwin T L. An effective method for evaluating the accuracy of power hardware-in-the-loop simulations [J]. IEEE Transactions on Industry Applications, 2009, 45(4): 1484-1490.

[7] 罗建民, 戚光宇, 何正文, 等. 电力系统实时仿真技术研究综述[J]. 继电器, 2006, 34(18): 79-86.

[8] 王琦. 电力信息物理融合系统的负荷紧急控制理论与方法[D]. 南京: 东南大学, 2017.

[9] Lee A E. Cyber physical systems: Design challenges[C]. IEEE International Symposium on Object and Component-Oriented Real-Time Distributed Computing (ISORC), Orlando, FL, 2008: 363-369.

[10] 张功营, 傅林. 支撑智能电网的信息通信体系研究[J]. 通讯世界, 2018, 7: 175-176.

[11] 颜诚, 吴文宣, 范元亮, 等. 电力 CPS 研究综述[J]. 电气技术, 2017, 6: 1-7, 12.

[12] 李帅, 龚世敏, 丁泉, 等. 一种幅值无衰减的改进线性插值方法[J]. 电力系统保护与控制, 2017, 45(03): 105-110.

[13] Li P, Ding C, Gao F, et al. The Parallel Algorithm of Transient Simulation for Distributed Generation Powered Micro-grid[C]//IEEE PES Innovative Smart Grid Technologies, Tianjin: IEEE, 2012:1-5.

[14] Liu W, Gong Q, Han H, et al. Reliability modeling and evaluation of active cyber physical distribution system [J]. IEEE Transactions on Power Systems, 2018, 33(6): 7096-7108.

[15] 刘文霞, 宫琦, 郭经, 等. 基于混合通信网的主动配电信息物理系统可靠性评价[J]. 中国电机工程学报, 2018, 38(6): 1706-1718.

[16] Gao J, Xiao Y, Liu J, et al. A survey of communication/networking in smart grids [J]. Future Generation Computer Systems, 2012, 28(2): 391-404.

[17] Lai S W, Messier G G. Using the wireless and PLC channels for diversity [J]. IEEE Transactions on Communications, 2012, 60(12): 3865-3875.

[18] 李荣伟, 吴乐南. 10kV 中压配电线载波信道的建模[J]. 电路与系统学报, 2006(06): 19-24.

[19] Zimmermann M, Dostert K. Analysis and modeling of impulsive noise in broad-band powerline communications[J]. IEEE Transactions on Electromagnetic Compatibility, 2002, 44(1): 249-258.

[20] Chariag D, Guezgouz D, Raingeaud Y, et al. Channel modeling and periodic impulsive noise analysis in indoor Power Line[C]. 2011 IEEE International Symposium on Power Line Communications and Its Applications, Udine, Italy, 2011: 277-282.

[21] 叶夏明. 电力信息物理系统通信网络性能分析及网络安全评估[D]. 杭州: 浙江大学, 2015.

[22] 汤奕, 王琦, 邰伟, 等. 基于 OPAL-RT 和 OPNET 的电力信息物理系统实时仿真[J]. 电力系统自动化, 2016, 40(23): 15-21.

[23] 周力, 吴在军, 孙军, 等. 融合时间同步策略的主从式信息物理系统协同仿真平台实现[J]. 电力系统自动化, 2017, 41(10): 9-15.

[24] Li W, Zhang X, Li H. Co-simulation platforms for co-design of networked control systems: an overview [J]. Control Engineering Practice, 2011, 19(9): 1075-1086.

[25] Mets K, Verschueren T, Develder C, et al. Integrated simulation of power and communication networks for smart grid applications[C]. 16th IEEE International Workshop on Computer Aided Modeling and Design of Communication Links and Networks (CAMAD), Kyoto, Japan, 2011: 61-65.

[26] Hopkinson K, Wang X, Giovanini R, et al. EPOCHS: a platform for agent-based electric power and communication simulation built from commercial off-the-shelf components [J]. IEEE Transactions on Power Systems, 2006, 21 (2): 548-558.

[27] Baran M, Sreenath R, Mahajan N R. Extending EMTDC/PSCAD for simulating agent-based distributed applications [J]. IEEE Power Engineering Review, 2002, 22 (12): 52-54.

[28] Hahn A, Ashok A, Sridhar S, et al. Cyber-physical security testbeds: architecture, application, and evaluation for smart grid [J]. IEEE Transactions on Smart Grid, 2013, 4 (2): 847-855.

第5章 实时仿真平台开发及硬件在环测试

5.1 引 言

随着智能电网的快速建设，高密度分布式发电集群的接入和信息—物理的耦合关系影响配电网的运行，在这个背景下，本章介绍了面向高密度分布式可再生能源接入的分布式发电集群实时仿真与测试系统(distributed generation clusters real-time simulation and test system，DGRSS)的开发和应用。与已有的实时仿真工具比较，DGRSS 具有以下优势。

(1)硬件计算能力强。

(2)高度模块化和可扩展性，支持硬件在环(hardware-in-loop，HIL)测试。

(3)集成多种仿真技术的仿真程序。

(4)丰富的模型库，包括多种分布式发电集群模型。

(5)面向分布式发电集群接入的配电网动态实时仿真。

(6)具有信息接口，能够进行配电网 CPS 混合实时仿真。

(7)面向大学和实验室的低成本应用，软件和计算单元一次性全部开放。

硬件在环仿真技术是一种实时仿真技术[1,2]，它将实际的被控对象或部分系统部件用高速计算机上实时运行的实时仿真模型来取代，而系统的控制单元或其他部分系统部件则用实物装置与仿真模型连接成为一个系统，对实物装置进行仿真测试和验证。

HIL 仿真又分为控制器硬件在环(controller hardware in the loop，CHIL)仿真和功率硬件在环(power hardware in the loop，PHIL)仿真[3]。CHIL 采用数模转换接口或通信接口实现数字模拟系统和实际硬件系统间的信号交换，但是其交换的信号局限于低功率水平[4,5]。当系统中包含电动机、发电机、变换器等功率器件，功率器件吸收和输出的信号功率水平相对较高，此时 CHIL 仿真不再适用，PHIL 概念被提出[6]。PHIL 在 CHIL 仿真的基础上加入功率放大环节，增加了功率接口，其功率接口能够实现高功率信号水平的信号传递。

硬件在环仿真测试系统具有以下优势[7,8]：①试验环境具有更强的可控性；②仿真结果具有更好的可重复性；③可以进行某些极限状态下的测试试验；④试验不具有破坏性；⑤试验费用低。硬件在环仿真测试的这些特点更便于对被控对象进行相关的试验，降低了测试成本，加快了开发进度，同时也减少了设备应用前动模试验的费用。因此，硬件在环仿真测试技术在电力系统和电力电子的研究开发中得到了广泛的应用[9-11]。

在高密度、高渗透率分布式可再生能源发电集群接入的新型配电网中，包含光伏、储能、风电等多种一次设备及控制保护等二次设备的接入，涉及新型电力电子并网装置及二次设备的开发应用，亟须提供基本的技术手段与技术平台，以验证分布式发电集群协调控制策略和能量管理策略的有效性，并测试并网装置、测控保护装置等一、二次设备的可靠性。考虑高密度分布式可再生能源发电集群接入系统高精度实时仿真的需要，本章将基于自主研发的 DGRSS 仿真测试平台，分别设计分布式发电集群并网关键一次设备与二次设备的硬件在环实时仿真架构，并以安徽金寨/浙江海宁为实际工况搭建硬件在环实时仿真系统，以测试分布式发电集群并网系统中关键一、二次设备在真实系统的复杂工况下运行的功能和性能，并评估其稳定性和可靠性，同时对分布式发电集群控制策略的有效性进行分析和验证。

5.2 实时仿真平台开发

5.2.1 DGRSS 的硬件和结构

1. DGRSS 结构

围绕大规模分布式发电集群接入复杂配电网的策略验证和设备测试的目的，DGRSS 应该具有分布式发电集群模型以及动态实时仿真、电力-信息混合仿真、HIL 仿真能力。因此，DGRSS 包括实时仿真器、灵活的建模界面、功率放大器接口、信息仿真和接口、输入/输出 (input/output，I/O) 接口等，结构如图 5.1 所示，主要分为 6 个部分。

(1) DGRSS 实时仿真器，实时仿真配电网和分布式发电集群的核心装置，配备有高速处理器、以太网和光纤通信接口、I/O 接口和嵌入式 Linux+RT 实时操作系统。

(2) DGRSS 主机，仿真器的上位机，具有可视化操作界面。用户可以在 DGRSS 主机上搭建仿真模型，设置模型参数和仿真场景，编译生成 C++代码并下载到仿真器，以及观测仿真波形。

(3) 信息仿真主机，采用 OPNET 仿真配电网通信网络[12]，用户可以在 OPNET 主机中建立信息模型，仿真不同的通信环境，并通过信息-物理接口和实时仿真器交互数据，从而实现配电网 CPS 混合仿真。

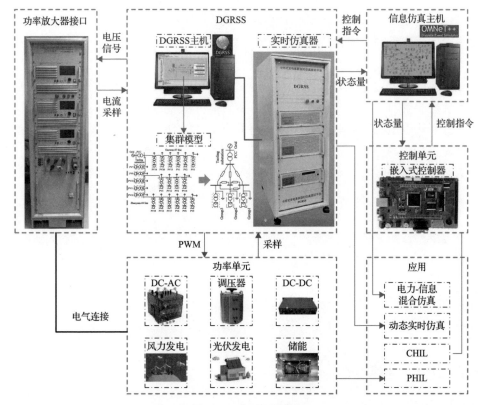

图 5.1　DGRSS 结构

(4)控制单元，系统级、集群级或者 DG 级的控制策略在控制单元中设置和执行，通过和实时仿真器交互数据来发送控制指令给分布式电源或其他可控资源[13]，可以替换为一个实际的控制器来实现 CHIL 仿真和测试。

(5)功率放大器，采用四象限功率放大器作为数字实时仿真器和物理电力设备的功率接口，不仅可以输出功率，还可以吸收功率，以适应各种 PHIL 仿真和测试的应用场景。

(6)功率单元：作为测试的物理功率设备，可以是逆变器、光伏、风机、储能等。

2. 实时仿真器硬件组成

自主开发的实时仿真器是 DGRSS 的核心，硬件组成如图 5.2 所示，主要分为两个部分：①上层部分由两个多核处理器组成以体系最佳的实时性能，②下层为交互接口，包括模拟量和数字量 I/O 接口、以太网和光纤通信模块等接口。一方面，实时仿真器可以和 DGRSS 主机及信息仿真主机通过以太网和 TCP/IP 协议通信，另一方面可以通过模拟量和数字量 I/O 接口连接其他外部设备，比如功率放大器和其他物理硬件。此外,实时仿真器还配备了其他通信接口以增强其可扩展性。通过实际的配电网仿真,验证了 DGRSS 的性能,主要性能指标如表 5.1 所示[13]。

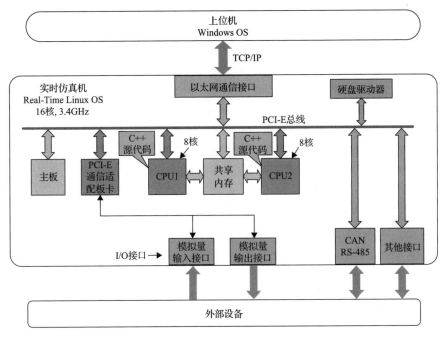

图 5.2 实时仿真器硬件组成

表 5.1 DGRSS 技术参数

技术参数	性能指标
处理器	CPU 不少于 40 核,主频不低于 3.4Hz
单核解算能力	250 节点
I/O 接口通道	64 通道
通信接口	以太网,RS485
支持通信协议	IEC61850/IEC104/Modbus/MQTT
以太网卡速率	1000Mb/s
CPS 混合仿真接口最大传输频率	1kHz
CPS 混合仿真接口抖动时间	≤3μs

5.2.2 DGRSS 的软件和技术

1. 模型库

DGRSS 的模型库不仅包含传统的电力系统模型如发电机、励磁系统、电力系统稳定器等,还包括 6 种分布式电源模型(光伏、风机、储能、微型燃气轮机、小水电和柴油发电机)和 5 种分布式发电集群模型(光伏集群、风电集群、储能集群、微型燃气轮机集群和小水电集群),丰富的分布式电源和分布式发电集群模型是 DGRSS 的优势之一。

2. 仿真算法

电网中的元件模型在数学上是一系列微分方程,在仿真中需要用数值方法进行求解。作为一款自主开发的仿真工具,DGRSS 从以下 3 方面改进了数值仿真过程。

(1)数值积分算法:采用电磁暂态程序(electro-magnetic transient program,EMTP)作为电磁实时仿真的主要求解程序。此外,为了提高微分方程求解过程中的灵活性和数值稳定性,在 DGRSS 中采用了非迭代半隐式龙格-库塔(non-iterative semi-implicit Runge-Kutta,SIRK)算法,结合了显式和隐式积分算法的优点,同时兼顾了稳定性和效率,如表 5.2 所示。

表 5.2 数值积分算法的比较

积分算法	数值稳定性	计算效率	收敛速度
梯形法	具备 A-稳定性	低	2 阶
改进欧拉法	不具备 A-稳定性	高	2 阶
4 阶龙格-库塔法	不具备 A-稳定性	低	4 阶
Gear 法	部分 A-稳定性	高	1～6 阶
SIRK	具备 A-稳定性	高	≥2 阶

(2)稀疏矩阵处理技术:在求解大型稀疏线性矩阵方程时,对系数矩阵进行 LU 分解的过程往往会引入大量填充元,从而破坏了矩阵的稀疏性。为了保证矩阵的稀疏结构,减少存储空间的占用,提高计算效率,DGRSS 采用近似最小自由度算法对块矩阵进行节点排序预处理,减少分解过程引入的填充元数目,采用改进 CHOLMOD 大型稀疏矩阵高效分解与局部因子修正相结合的算法,使用稀疏矩阵计算库 Suitesparse 中专门针对电路仿真优化的 KLU 稀疏矩阵高速求解器、对角块矩阵形式以及 GPLU 分解算法。

(3)仿真优化策略:进一步采用模型自适应切换和变步长策略,根据不同时间尺度和精度需求切换不同阶数的集群模型和仿真步长[14,15],优化仿真过程,提高仿真效率。

(4)多速率仿真技术:根据仿真对象的时间常数将其划分为多个子系统,采取不同的仿真步长分别计算,有效降低仿真系统的计算负担。子系统的划分方式既包括在系统整体层面的划分和电力网络内部的划分,例如一次系统和二次系统的多速率仿真;又包括电力网络内部的多速率仿真。对于元件种类丰富、动态特性复杂的仿真场景,多速率仿真技术可以有效提高仿真平台的计算效率。

(5)实时化操作系统内核：

当硬件在环设备、小步长 FPGA 仿真数据产生时，要求操作系统内核能够接受并以足够快的速度予以处理，调度一切可利用的资源完成实时任务。普通操作系统的时钟抖动为毫秒级，微秒级的仿真必须采用实时操作系统内核。

Linux 本身并不是实时操作系统，但加上实时化内核补丁后(preempt_rt)，可改造为实时操作系统。事实上，增加实时补丁后的 Linux 实时性能仍然不足，但 Linux 的代码全部开源，可以通过新增系统调用等方式进一步提升实时性能。同时，Linux 支持的硬件驱动，相对于其他几种实时操作系统，是范围最广的。特别是，Linux 在高性能服务器领域占据绝对优势，而实时仿真产品需要大量的数值计算和矩阵计算，并不是单纯的嵌入式设备，而是具备嵌入式和高性能服务器的双重特性。因此，DGRSS 采用实时化改造后的 Linux 内核。

3. 软件

DGRSS 主机安装了基于 Qt 框架的 DGRSS 仿真软件，主要包括网络拓扑建模界面、模型库、功能区域等。DGRSS 仿真软件是实时仿真器与用户之间的接口，用于建立仿真模型、设置电路和模型参数、设置故障和干扰、配置通信网络通道、观测仿真波形等。

4. 信息接口

DGRSS 中信息接口的功能是使每个量测或控制节点对应于具有固定参数的通信终端设备，基于 TCP/IP 协议和 Socket 套接字格式，在电力系统仿真和信息系统仿真之间建立双向映射关系，从而实现配电网 CPS 混合仿真。

5.2.3 基于 FPGA 的实时仿真

CPU 作为主流的通用处理器，具有成熟的指令集和全面的计算机语言库支持，在处理复杂逻辑方面具有一定优势。但采用 CPU 进行电磁暂态仿真由于成本和硬件结构的限制以及多处理器间通信时间的瓶颈，难以在大规模、高比例电力电子设备的仿真场景下满足实时化需求。FPGA 可以通过深度流水线技术和高度并行化计算实现实时化电磁暂态仿真，但完全基于 FPGA 独立开发仿真平台存在成本较高、验证过程复杂、开发周期长等限制，仿真模型和控制算法调整的灵活性也相对较弱。本节结合不同计算单元的优势，在基于 CPU 的仿真平台的基础上，将 FPGA 作为硬件加速处理器，将快动态变流器模型电磁暂态仿真利用 FPGA 单独实现，与 CPU 端控制系统及慢动态网络的计算采取多速率并行的计算时序，在保障仿真实时化性能的同时降低了 CPU 端的计算负担，并节省了 FPGA 的硬件资源，为实现更大规模网络的实时仿真创造了条件，具体架构如图 5.3、图 5.4 所示，图 5.3 中，u_{dq} 和 i_{dq} 分别表示经 dq 变换后的变流器交流测三相电压和电流；u_o 和 i_o

分别代表变流器交流测输出电压和电流；L_f、C_f 和 R_f 分别代表滤波器等效电感、电容及电阻；R_{ci} 与 L_{ci} 代表交流线路等效电阻及电抗。

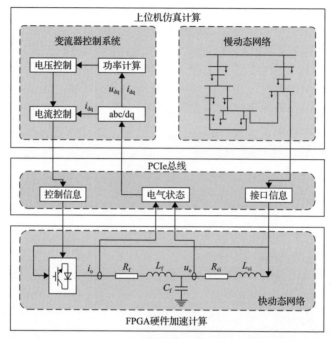

图 5.3　基于 FPGA 的硬件加速协同仿真平台架构

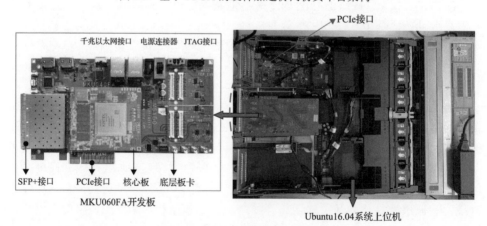

图 5.4　协同仿真装置实物图

图 5.3 为基于 FPGA 的硬件加速协同仿真平台架构，图 5.4 为仿真平台实物图。其中上位机端操作系统为 Ubuntu 16.04，运行 C++ 语言编写的仿真程序，负责实现变流器控制系统和慢动态网络模型的仿真计算，以及通过 PCIe 接口定时从 FPGA 指定地址读写输入输出信息的功能。FPGA 端以微秒级小步长（≤2μs）实现

变流器主体系统的实时化电磁暂态仿真。FPGA 与上位机之间通过 PCIe3.0 x8 接口传递变流器模型接口状态、控制系统输出等信息，实现数据的实时交互。

　　FPGA 在以上协同仿真架构中主要承担变流器主体微秒级小步长实时仿真计算任务，图 5.5 给出了该架构下 FPGA 部分的硬件设计。FPGA 部分主要由通信模块、数据存储模块、仿真计算模块和监视控制模块构成。

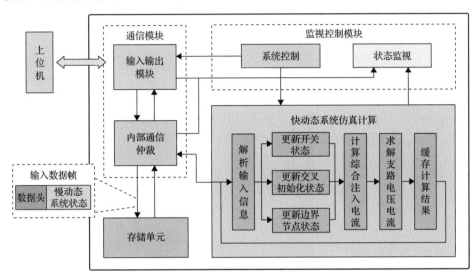

图 5.5　FPGA 侧仿真系统结构设计

　　(1) 通信模块是在模块之间建立联系、获取控制信息和输出仿真结果的硬件基础，根据通信功能的对象可以将其分为两部分，一部分负责建立、配置和管理 FPGA 与上位机之间基于 PCIe 协议的高速连接，另一部分负责协调和调度系统内部各模块之间的信息传递。在上位机向 FPGA 输入控制信息或读取计算结果时需要经过通信模块访问存储模块，而仿真计算模块以轮询形式由存储模块读取输入信息时也需要经过通信模块，此时由内部通信模块分配访问存储模块的优先级，起到总线仲裁的作用。

　　(2) 数据存储模块为存放系统输入输出数据的公共存储区域。在仿真初始化的过程中，部分数值恒定不变的参数矩阵将保存于存储模块。在仿真开始后，外部输入 FPGA 的控制信息和仿真计算得到的计算结果分别存放于用户指定的地址等待被读取或被覆盖。

　　(3) 监视控制模块用于监视整个仿真流程中各模块的工作状态，以及向其他各模块发送仿真开始或重置的控制信号。例如在仿真系统重置时监视控制模块发出指令将仿真计算模块寄存器中保存的临时变量数值清零，以确保整个仿真系统有序运行。

　　(4) 仿真计算模块是整个架构的功能核心，负责以小步长与上位机侧并行计算快动态系统状态。为保证 FPGA 与上位机慢动态网络的时序能正确同步，上位机写入 FPGA 的信息被封装为输入数据帧，包括数据头和慢动态系统状态两部分。其中慢动态系统状态是 FPGA 侧快动态的变流器电磁暂态仿真计算的输入数据，而数据头负责与对侧实现同步。数据头用一个递增的正整数表示。FPGA 内部会记录计算前一大步长时刻输入的数据头，仿真计算模块以轮询形式访问存储系统读取输入数据时，将会解帧、读取数据头并与前一步长的数据头进行对比，以便于及时检测到输入数据发生更新并启动下一步长的计算。仿真计算模块的计算流程主要包括解析输入信息、更新系统状态、计算综合注入电流、求解支路电压电流以及缓存计算结果几部分。

为了验证以上硬件实现方法对于大规模多变流器系统的有效性，本节建立双级式光伏多逆变器并联并网模型作为测试算例，具体结构如图 5.6 所示。其中三台光伏变流器采用对称参数，如表 5.3 所示。

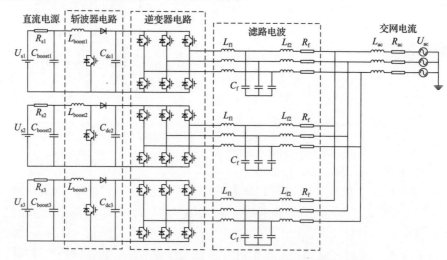

图 5.6　双级式光伏多逆变器并联并网测试算例示意图

表 5.3　双级式光伏多逆变器并联并网测试算例参数

系统参数	数值	系统参数	数值
交流电网电压有效值/V	400	逆变器直流侧电容/μF	9000
交流并网等效电阻/Ω	0.01	斩波器续流电感/mH	2
交流并网等效电感/mH	0.01	斩波器直流侧电容/μF	7000
滤波器并联母线侧电感/mH	0.2	直流电源侧等效阻抗/Ω	0.02
滤波器逆变器侧电感/mH	5	直流电源内阻/Ω	0.01
滤波器等效电阻/Ω	0.4	逆变器基准功率 S_n/(kV·A)	100
滤波器滤波电容/μF	15	逆变器开关频率 f_s/kHz	5

在以上算例中，系统的支路总数为 69 条，其中包含 21 个 IGBT 元件和 3 个

二极管元件。变流器交流侧的理想电源模拟无穷大电网,直流侧电源作为慢动态系统的一部分由上位机侧模拟并传递到 FPGA 端。设上位机侧求解步长为 200μs,FPGA 侧求解步长为 2μs。

以如下场景测试仿真模型的暂态特性:设控制系统 P_{ref} 初始设定为 50kW,Q_{ref} 初始设定为 0kvar。2s 时 P_{ref} 调整为 55kW,同时直流侧电源电压由 390V 上升到 420V。在 PSCAD/EMTDC 中建立步长为 2μs 的相同仿真模型作为对照,得到仿真结果如图 5.7 所示。

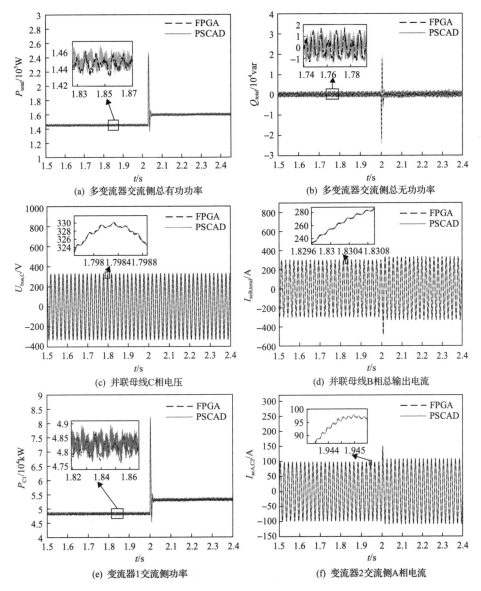

(a) 多变流器交流侧总有功功率

(b) 多变流器交流侧总无功功率

(c) 并联母线C相电压

(d) 并联母线B相总输出电流

(e) 变流器1交流侧功率

(f) 变流器2交流侧A相电流

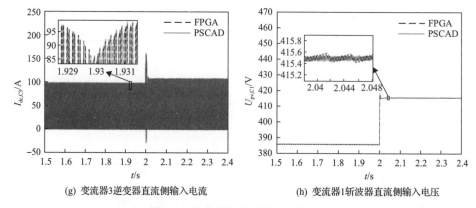

(g) 变流器3逆变器直流侧输入电流　　　　(h) 变流器1斩波器直流侧输入电压

图 5.7　多变流器并联并网仿真结果

图 5.7(a)～(h)分别为多变流器交流侧总有功功率 P_{total}、总无功功率 Q_{total}、并联母线 C 相电压 U_{busC}、并联 B 相总电流 $I_{acB,total}$、变流器 1 交流侧功率 P_{C1}、变流器 2 交流侧 A 相电流 $I_{acA,C2}$、变流器 3 逆变器直流侧输入电流 $I_{dc,C3}$ 以及变流器 1 斩波器直流侧输入电压 $U_{pv,C1}$ 的仿真结果。以上仿真结果与 PSCAD 基本一致，证明了本节所提出仿真方法的准确性。

5.3　硬件在环仿真测试

5.3.1　控制器硬件在环仿真测试

为验证分布式发电集群控制策略的有效性，本章基于自主研发的实时仿真系统 DGRSS 设计了控制器硬件在环实时仿真架构如图 5.8 所示。

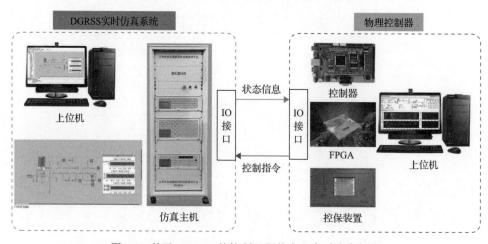

图 5.8　基于 DGRSS 的控制器硬件在环实时仿真架构

　　该控制器硬件在环实时仿真架构由三个部分组成，包括 DGRSS 上位机、DGRSS 仿真主机以及物理控制器，DGRSS 上位机与仿真主机通过以太网连接，仿真主机通过 I/O 接口与物理控制器实时交换仿真系统状态信息及控制信息，以上所述三部分功能分别如下：

　　DGRSS 上位机软件包含分布式电源模型库、实时动态仿真模块、聚类等值模块、通信系统、控制系统等模块，基于此建立配电网全数字实时仿真模型，并对硬件在环仿真运行状态进行实时监控。

　　DGRSS 仿真主机实时运行配电网实时仿真模型，采集系统电压电流状态信号，通过 I/O 接口传输至外接控制器设备，同时通过 I/O 接口接收控制器控制指令用于配电网的运行控制，实现控制设备与实时数字仿真模型之间的信号交互 I/O 接口可以支持 IEC61850 中的 Goose 报文、SV 报文；调度自动化 104 报文；TCP/UDP 等多种通信协议。为了达到通信的硬实时标准，在实现技术上采取了以下措施：①采用硬实时 Linux 操作系统，保证实时仿真进程在内核中为最高优先级，减少时间抖动；②采用零拷贝技术，减少内存转移的时间开销；③增加操作系统调用，重要的通信协议 I/O 处理由操作系统内核完成，减少系统用户态与内核态反复切换带来的性能损失。采用上述措施后，系统硬件在环仿真的时间抖动可以控制在 1～3μs 之间，满足保护装置、合并单元等各类控制器正常运行对于实时性的要求。

　　控制器用于配电网分布式发电集群调控策略的算法实现，采集配电网实时运行状态信息，并产生实时控制指令，在接近于真实运行工况的仿真情景下，验证集群调控策略的正确性和有效性。

5.3.2　功率硬件在环仿真测试

　　为测试分布式发电集群并网系统关键一次设备接入的影响，本章基于自主研发的实时仿真系统 DGRSS 建立的功率硬件在环仿真架构如图 5.9 所示。

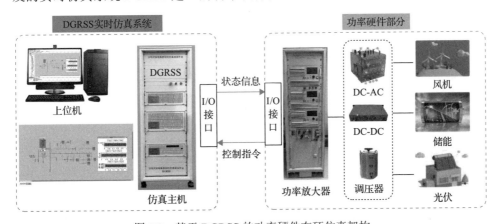

图 5.9　基于 DGRSS 的功率硬件在环仿真架构

如图 5.9 所示功率硬件在环仿真架构主要包括四个部分：DGRSS 上位机、DGRSS 仿真主机、功率放大器及功率硬件部分。相比于上一小节所述控制器硬件在环实时仿真，功率硬件在环仿真将线性功率放大器作为硬件在环仿真的物理接口与待测的功率硬件设备连接，实现了一次设备与实时数字仿真模型之间的能量交互。四象限运行线性功率放大器主要进行电压放大，为待测试一次设备建立逼近真实的运行工况。经过功率放大器可接入功率硬件装置进行设备级测试，分析实际风机、光伏及储能接入对系统的影响，并对配电网中关键一次设备的性能指标进行测试。

功率硬件在环仿真系统与控制器硬件在环仿真系统相比增加了功率放大环节，其功率接口能够实现高功率信号水平的信号传递[16,17]。对于功率硬件在环仿真系统而言，功率接口是连接实时仿真和实物装置的桥梁，功率接口中可采取不同的功率放大方式，选择不同的反馈信号和控制信号，如此便形成了不同的接口算法。对于实现功率硬件在环仿真系统实时仿真与实物装置的连接，接口算法起着至关重要的作用[18,19]。

接口算法解决的问题是将一个整体的模拟对象解耦成数字仿真部分和物理模拟部分，国内外现有的接口算法主要有五种[20-24]，包括理想变压器模型(ideal transformer model，ITM)法、时变一阶近似(time-varying first-order approximation，TFA)法、输电线路模型(transmission line model，TLM)法、部分电路复制(partial circuit duplication，PCD)法、阻尼阻抗(damping impedance method，DIM)法。其中 ITM 法[25,26]最为直观，实现最为简单，不需要添加过多物理元件，电压型 ITM 将数字仿真系统的端口电压经放大等一系列控制变换，输入物理系统作为其端口电压，同时，物理系统的实际电流经测量由受控电流源形式反馈给数字系统。当物理侧为有源系统时，ITM 的接口带有源负载能力强、波形畸变小，最为适合，本章也选择 ITM 算法作为数模交互接口。其原理如图 5.10 所示。

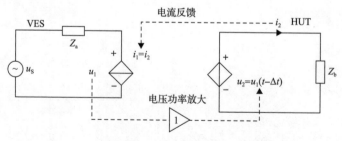

图 5.10　基于功率硬件在环的数模混合仿真交互接口

ITM 算法实践中应用最为广泛，原理直观，易于实现。测试结果表明在线性功率放大器的延时条件下，采用 ITM 接口算法的 PHIL 平台的暂态稳定性和精确性都能够符合功率硬件在环仿真研究的要求，可以进一步展开数模混合仿真的研究和分析。

5.4 典型案例

5.4.1 金寨示范工程仿真

1. 仿真算例

为验证分布式发电集群控制方法的有效性,本章选取安徽示范工程全军 03 线,在基于 DGRSS 的硬件在环实时仿真平台上进行相关仿真验证。选取的母线及其多条支路上共设有公用配变和专用配变 29 个。由于配电网规模很大,首先对配电网进行集群划分,划分结果如图 5.11 所示。整条线路共有 19 个分布式发电单元,其中正常运行期间投入的电源有 13 个,其节点位置为{4,8,10,11,13,24,26,29,31,44,45,48,49},备用分布式单元 6 个,节点位置信息为{5,16,22,30,34,44},负荷有 29 处,节点位置为{3,4,6,8,10,11,13,16,17,21,24,26,28,29,30,31,33,36,37,38,39,40,43,44,45,46,47,48,49}。

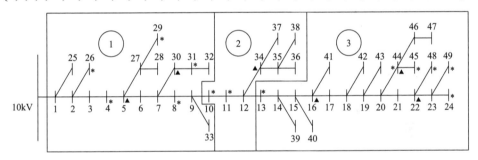

图 5.11 集群划分结果

在 DGRSS 中搭建电力网络,每条母线都配备一个三相量测设备,实时监测母线上的电压电流。在一些联络线较多的节点增设备用电源,每个电源都配有一个控制器,能够采集本地信息和控制电源出力,同时与 OPNET 主机中的控制子站之间交换数据。在 36 号和 47 号母线处设置可中断负荷。网-源-荷协调控制采用群内自治和群间协调相结合的方式,当集群内发生负荷扰动时,启用群内的备用电源抑制扰动,使得电网恢复正常;如果集群内发生较为严重的故障,或者集群本身规模较小,抗扰动能力较弱,则需要邻近集群协调控制。

2. 仿真测试结果

结合上述仿真模型,本文利用电力信息实时仿真平台验证集群仿真算例,并测试不同的通信状况对控制效果的差异,评估通信系统对电力系统安全运行的影响。

1) 群内自治

为验证群内自治控制效果，将 3 号集群 47 号母线上的负荷切除，观察 3 号集群内备用电源的出力情况。同时在 OPNET 中设置不同的通信场景，研究通信堵塞、通信设备断线、通信误码场景下控制效果的差异。

为模拟通信系统不同堵塞程度，在 OPNET 中设置几种不同的通信环境：①理想通信环境，通信网络的延时忽略不计；②正常通信环境，通信网络正常运行，数据流量只有来自电力系统和控制器的信息，数据到达控制子站和路由器都不要排队；③通信堵塞，通信网络中除了来自集群算例的数据，还用背景流量模拟其他数据，实验数据到达控制子站和路由器需要排队一定时间。三种不同的通信场景下 20 号母线电压变化情况如图 5.12 所示。

观察图 5.12 结果，可以看出不同的通信堵塞程度会对控制效果有着显著影响。

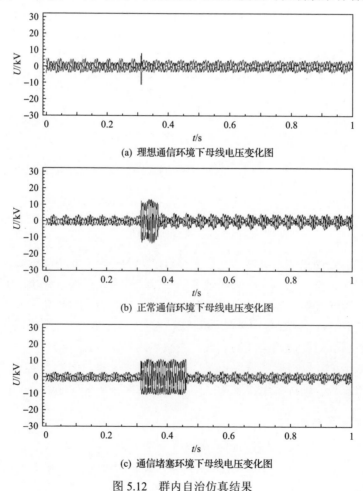

(a) 理想通信环境下母线电压变化图

(b) 正常通信环境下母线电压变化图

(c) 通信堵塞环境下母线电压变化图

图 5.12　群内自治仿真结果

在理想通信环境下,数据不要排队延时,控制器只需要几个周波的时间就可以动作。考虑正常通信系统的影响,由于总的数据量占以太网带宽的比例并不大,所以造成的延迟较小。而在通信堵塞的环境下,光纤以太网中还存在用背景流量模拟的其他数据,控制器动作延迟明显增加。堵塞更加严重时,控制器甚至会接收不到控制信号,这将严重危害电力系统的安全稳定运行。

2) 群间协调

为验证群间协调控制效果,将 2 号集群内的 36 号母线上的负荷切除,导致电压波动,集群中心控制器会下达指令调整邻近 3 号集群内的电源的出力。在 OPNET 中设置的通信场景同上,观察在不同的通信状况下控制效果的差异。仿真结果如图 5.13 所示。

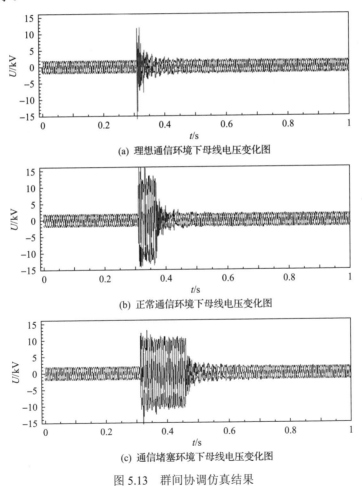

(a) 理想通信环境下母线电压变化图

(b) 正常通信环境下母线电压变化图

(c) 通信堵塞环境下母线电压变化图

图 5.13 群间协调仿真结果

观察图 5.13 仿真结果,通信堵塞程度对群间协调的影响很大。群间协调控制由于通信线路较长，涉及的控制器更多，数据交互也更为复杂，系统达到稳态的延时比群内自治所需的时间更长。

　　基于上述群内自治和群间协调的仿真结果，可以发现通信系统状况直接关系到控制效果，而本仿真平台能够准确模拟各种不同的通信场景，体现通信的影响。

5.4.2　海宁示范工程仿真

1. 仿真算例

　　海宁属于经济发达地区，具备分布式可再生能源大容量、高渗透、区域集中接入等特点，存在倒送功率大、电能质量差、安全管控难等问题。通过部署分布式电源灵活并网装备，解决分布式电源并网复杂、灵活性差等问题，实现分布式发电集群就地灵活接入和安全管控，抑制分布式光伏出力和电压波动，搭建区域集中型分布式发电集群运行管控系统。基于集群划分方案对分布式发电集群进行优化调控，实现分布式可再生能源的友好并网与高效消纳。总体解决方案如图 5.14所示。

　　在 DGRSS 中搭建海宁示范工程的模型，包含七个分布式发电集群，如图 5.15所示。

2. 仿真测试结果

　　基于电力信息数模混合实时仿真平台对其分布式发电集群电压控制策略进行测试，通过在 OPNET 中设置理想通信环境、正常通信环境以及拥堵通信环境三种不同的通信场景，模拟通信系统不同堵塞程度，研究当集群中的负荷发生扰动导致母线电压发生变化时，不同通信状况对集群电压控制效果的影响，电力信息硬件在环实时仿真结果如图 5.16 所示。

　　对比图 5.16 中不同通信状况集群母线电压的变化，可以看出通信状况对集群电压控制效果所产生的显著影响。在理想通信环境下，当系统中负荷发生扰动导致母线电压越限时，控制器能够在 0.02s 内完成母线电压的闭环控制，将母线电压控制在正常范围内；而在正常通信环境下，由于实际通信系统中存在的数据传输延时，相比于理想情况下，其母线电压恢复至正常值的时间延长至约 0.04s；在通信拥堵情况下，控制器接发数据并实现电压控制的时间明显增加至 0.15s 左右。以上仿真说明，在所设置的不同通信场景下，集群电压控制策略均能够将系统母线电压控制在合理范围内，在一定程度上验证了该集群电压控制策略的鲁棒性，以及电力信息数模混合实时仿真平台在研究通信对集群控制效果影响方面具有一定的可行性和优越性。

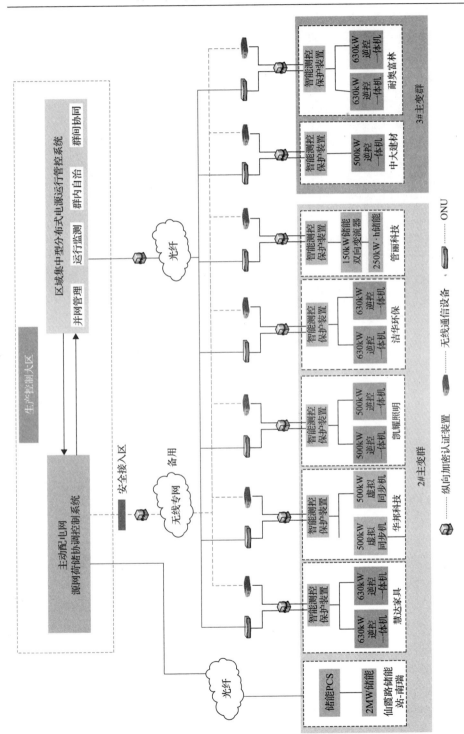

图 5.14　海宁"区域集中型"示范工程总体解决方案图

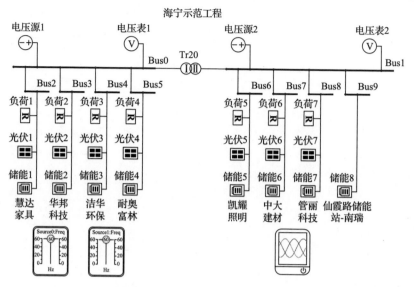

图 5.15　海宁示范工程 DGRSS 模型

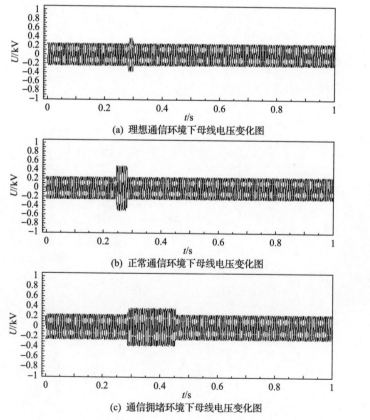

(a) 理想通信环境下母线电压变化图

(b) 正常通信环境下母线电压变化图

(c) 通信拥堵环境下母线电压变化图

图 5.16　分布式集群电压控制电力信息硬件在环仿真结果

5.4.3　融合终端仿真测试

随着配电物联网建设的加快推进，配电二次系统形成了"云-管-边-端"的新型体系架构。在该架构下，以配电物联网云平台为中心，以智能融合终端为数据汇聚和边缘计算中心，以低压传感设备为感知设备，以边缘计算和站端协同为数据处理方式，构建低压配电物联网，可解决低压拓扑识别、故障研判、线损分析等一系列业务需求。

现有针对智能融合终端采取实物模拟或现场运行测试等方案，在实验室搭建简易台区或者选取典型的配电小区，进行测试。现有的测试方案停留在实物层面，仿真规模受到场地条件的限制；难以考虑高比例光伏接入、大量充电桩投运、故障等复杂场景；难以测试云-边-端多层次二次设备交互过程。

在 DGRSS 已具备的实时数字仿真技术基础上，特别针对智能融合终端的仿真测试需求进一步开发，有力解决配电物联网二次设备测试难题。

智能融合终端的测试架构如图 5.17 所示。

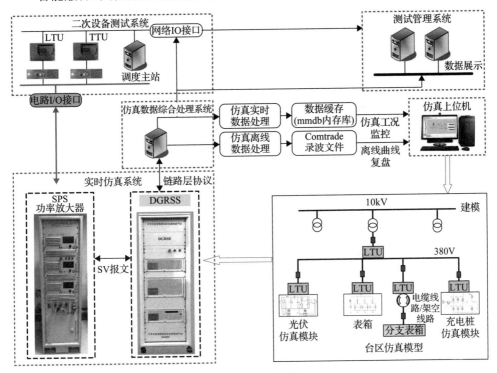

图 5.17　测试架构

相对于传统的电磁暂态仿真模型，智能融合终端测试特别需要对拓扑识别应用的物理工作过程建模。主流的配电台区拓扑识别业务采用特征电流法，是通过

下游低压测控装置(LTU)注入特征电流,上游的 LTU 检测特征电流。全台区的 LTU
检测结果上传至智能融合终端,由智能融合终端生成低压拓扑。因此,建立了图
5.18 的 LTU 仿真模型。

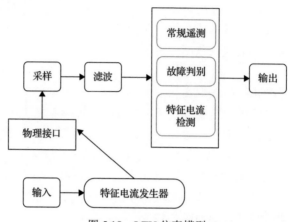

图 5.18　LTU 仿真模型

测试平台目前支持主流厂商的特征电流产生方案,参见表 5.4。

表 5.4　特征电流产生方案

特征电流方案	实施方式
高频电流	调制信号为二进制序列,默认 833.3Hz 的高频载波信号,采用常规的信号处理算法如 DFT 检测
电容投切	投切电容。投切方法为二进制序列,从而产生无功电流信号。检测端通过波形相似度算法,算出与信号源的波形相似度,相似度高即为特征信号被识别
电压过零点高频电流	在高频电流方案的基础上,检测电压过零点,在过零点投入短时脉冲的高频电流

其中高频电流方案的特征电流波形如图 5.19(其余略)。

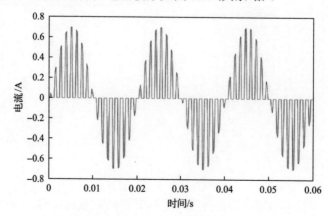

图 5.19　高频电流方案的特征电流波形

拓扑测试流程如图 5.20 所示。

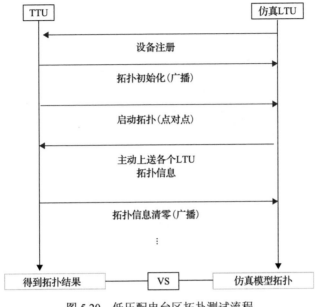

图 5.20　低压配电台区拓扑测试流程

(1)搭建台区拓扑结构。

(2)融合终端启动拓扑识别。

(3)完成拓扑识别,融合终端进行拓扑分析,生成拓扑结果的 JSON 格式文件。

(4)将融合终端的拓扑结果传送至配置的物联网主站并进行解析,得到可视化界面,将该界面与测试平台的仿真模型进行比对。如果一致,则该次拓扑识别的结果正确。

智能融合终端的其他 APP 应用功能的测试方法类似于低压拓扑。以台区电压控制 APP 为例,测试流程如下。

(1)电网仿真配网台区拓扑识别。

(2)电网仿真系统模拟智能电容器,配置的仿真 LTU 将智能电容器电压电流等电量及电容器状态上传 APP。

(3)APP 收到监测数据,根据阈值判断是否投切电容器,并发送遥控命令对电容器进行调节。

(4)电网仿真系统收到遥控命令,对仿真电容器进行投入或切除操作。

(5)电网仿真系统将调节后的无功电压数据上传 APP。

(6)APP 测算的数据与仿真系统中数据进行比较,验证 APP 的功能。

融合终端仿真测试已经得到了实际应用,用于省级电科院的设备入网检测。其中某实验室选取了实际小区,在测试平台上搭建了该小区的数字模型,如图 5.21 所示。

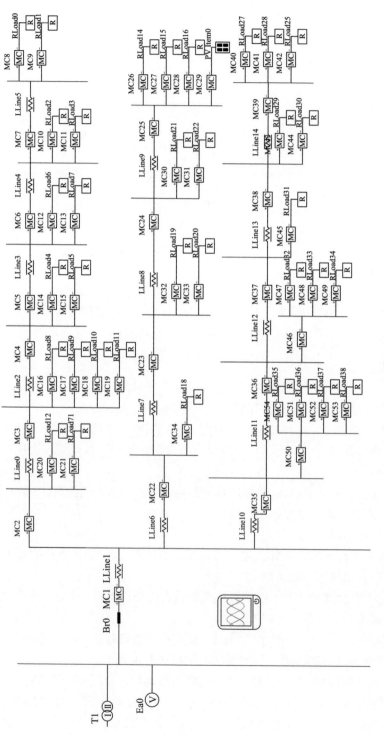

图5.21 小区数字模型

该模型的系统规模如表 5.5 所示。

表 5.5　模型系统规模

参数	值
电磁暂态节点数	504
负荷数量	64
LTU 数量	99
信息仿真测点数量	17226
低压线路数	21

通过该模型，可以有效支持智能融合终端的功能测试。

参 考 文 献

[1] Wu X, Lentijo S, Monti A. A novel interface for power-hardware-in-the-loop simulation[C]. IEEE Workshop on Computers in Power Electronics, Urbana, IEEE, 2004: 178-182.

[2] 张树卿, 童陆园, 薛巍, 等. 基于数字计算机和 RTDS 的实时混合仿真[J]. 电力系统自动化, 2009, 33(18): 61-67.

[3] Ayasun S, Vallieu S, Fischl R, et al. Electric machinery diagnostic/testing system and power hardware-in-the-loop studies[C]. IEEE International Symposium on Diagnostics for Electric Machines, Power Electronics and Drives, Atlanta, IEEE, 2003: 361-366.

[4] 刘延彬, 金光. 半实物仿真技术的发展现状[J]. 仿真技术, 2003, 20(1): 27-32.

[5] 周林, 贾芳成, 郭珂, 等. 采用 RT-LAB 的光伏发电仿真系统试验分析[J]. 高电压技术, 2010, 36(11): 2814-2820.

[6] Ren W, Steurer M, Baldwin T L. Improve the stability and the accuracy of power hardware-in-the-loop simulation by selecting appropriate interface algorithms[C]. IEEE/IAS Industrial & Commercial Power Systems Technical Conference, Edmonton, IEEE, 2007: 1-7.

[7] 柳勇军, 梁旭, 闵勇. 电力系统实时数字仿真技术 [J]. 中国电力, 2004, 37(4): 44-47.

[8] 罗建民, 戚光宇, 何正文, 等. 电力系统实时仿真技术研究综述 [J]. 继电器, 2006, 34(18): 79-86.

[9] Kuffel R, Wierckx R P, Duchen H, et al. Expanding an analogue HVDC simulator's modeling capability using a real-time digital simulator(RTDS) [C].International Conference on Digital Power System Simulators, Texas: 1995: 199-204.

[10] Pak L F, Dinavahi V. Real-time simulation of a wind energy system based on the doubly-fed induction generator power systems [J]. IEEE Trans on Power Systems, 2009, 24(3): 1301-1309.

[11] 朱艺颖, 董鹏, 胡涛, 等. 大规模"风火打捆"经直流外送数模混合仿真系统[J]. 电网技术, 2013, 37(5): 1329-1334.

[12] Guo F, Herrera L, Murawski R, et al. Comprehensivereal Real-time simulation of the smart grid [J]. IEEE Transactions on Industry Applications, 2013, 49(2): 899-908.

[13] Cao G, Gu W, Gu C, et al. Real-time cyber-physical system co-simulation testbed for microgrids control [J]. IET Cyber-Physical Systems: Theory&Applications, 2019, 4(1): 38-45.

[14] 洪灏灏, 顾伟, 黄强, 等. 微电网中多虚拟同步机并联运行有功振荡阻尼控制[J]. 中国电机工程学报, 2019, 39(21): 6247-6254.

[15] 史文博, 顾伟, 柳伟, 等. 结合模型切换和变步长算法的双馈风电建模及仿真[J]. 中国电机工程学报, 2019, 39(22): 6592-6299.

[16] 胡涛. 交/直流电力系统数模混合仿真接口的研究[D]. 北京: 中国电力科学研究院, 2008.

[17] 安然然, 赵艳军, 盛超, 等. 基于实时仿真的功率连接型数模混合仿真技术研究[J]. 广东电力, 2015, 28(2): 50-56.

[18] 胡涛, 朱艺颖, 张星, 等. 全数字实时仿真装置与物理仿真装置的功率连接技术[J]. 电网技术, 2010, 34(1): 51-55.

[19] 周俊, 郭剑波, 郭强, 等. 电力系统功率连接装置接口稳定性问题及其改进措施[J]. 电力自动化设备, 2011, 31(8): 42-46.

[20] Ren W, Sloderbeck M. Interfacing issues in real-time digital simulators[J]. IEEE Transon Power Delivery, 2011, 26(2): 1221-1230.

[21] 陈磊, 闵勇, 叶骏, 等. 数字物理混合仿真系统的建模及理论分析: (一)系统结构与模型[J]. 电力系统自动化, 2009, 33(23): 9-13.

[22] 陈磊, 闵勇, 叶骏, 等. 数字物理混合仿真系统的建模及理论分析: (二)接口稳定性与相移分析[J]. 电力系统自动化, 2009, 33(24): 26-29.

[23] 周俊. 交直流电网数字物理混合仿真技术的研究[D]. 武汉: 华中科技大学, 2012.

[24] Mahdi D. Stability analysis and implementation of power hardware-in-the-loop for power system testing [D]. Australia: Queensland University of Technology, 2015.

[25] Ren W, Steurer M, Baldwin T L. An effective method for evaluating the accuracy of power hardware-in-the-loop simulations[C]. IEEE/IAS Industrial and Commercial Power Systems Technical Conference, Clearwater Beach, IEEE, 2008: 1-6.

[26] Mahdi D, Arindam G. Controlling current and voltage type interfaces in power-hardware-in-the-loop simulations [J]. IET Power Electronics, 2014, 7(10): 2618-2627.